SolidCAM 기반 컴퓨터 응용 밀링기능사

실기 가이드 Ver. 1

SolidCAM 기반
컴퓨터 응용 밀링기능사

저자 윤여민
검토위원 (주)큐빅시스템즈

실기
가이드
Ver. 1

바른북스

Prolog

CAM(Computer-Aided Manufacturing) 기술은 현대 제조업에서 필수적인 요소로 자리 잡고 있습니다. 특히, SolidCAM은 강력한 기능과 직관적인 인터페이스를 통해 초보자부터 숙련된 전문가까지 손쉽게 활용할 수 있는 소프트웨어입니다.

이 교재는 SolidCAM을 처음 접하는 학습자를 위한 입문서로, 기본 개념부터 실습을 통한 응용까지 체계적으로 구성되었습니다. 이를 통해 사용자들은 2D 및 3D 가공, 절삭 경로 생성, 가공 시뮬레이션 등 다양한 기능을 익히고, 실제 제조 환경에서 효과적으로 적용할 수 있는 능력을 기를 수 있습니다.

SolidCAM은 항공, 자동차, 의료 기기, 전자 산업 등 다양한 분야에서 활용되며, 복잡한 형상을 정밀하게 가공할 수 있도록 돕습니다. 또한, CAD 소프트웨어와의 완벽한 통합을 통해 설계 변경에도 유연하게 대응할 수 있어 작업의 효율성과 품질을 높이는 데 기여합니다.

이 책을 통해 SolidCAM의 기초를 탄탄히 다지고, 다양한 실습을 통해 CAM 프로그래밍 및 가공 기술을 익히길 바랍니다. 실습을 반복하고 다양한 가공 조건을 실험하면서 자신의 기술을 발전시켜 나간다면, SolidCAM을 활용한 제조 공정에서 더욱 뛰어난 성과를 얻을 수 있을 것입니다.

이 교재가 여러분의 학습에 도움이 되기를 바랍니다.

Contents

PART 01 SolidCAM 개요 — 1

- SECTION 01 가공(加工)이란 — 1
- SECTION 02 SolidCAM 개요 — 6
- SECTION 03 SolidCAM 기본설정 — 7

PART 02 컴퓨터응용밀링기능사 — 10

- SECTION 01 SOLIDWORKS 모델링 — 10
- SECTION 02 SolidCAM 기초 설정 — 28
- SECTION 03 SolidCAM – ToolKit 설정 — 40
- SECTION 04 SolidCAM 작업 (Operation) — 50
- SECTION 05 가공 시뮬레이션 — 77
- SECTION 06 NC 데이터 출력 — 79
- SECTION 07 연습문제 — 81
- SECTION 08 기출문제 — 95

01 SECTION SolidCAM 개요

1 | 가공이란

가. 가공 (加工)

가공(加工)의 사전적 의미는 원자재나 박제품을 인공적으로 처리하여 새로운 제품을 만들어 내는 일을 의미한다. 예를 들어서 우유를 치즈로 만들면 가공 식품이라 부르는 것을 하나의 예로 설명할 수 있다.

공업 계열에서의 가공(加工)도 Manufacturing, 일부로 물질 또는 구성요소에 물리적 · 화학적 작용을 가하여 새로운 제품으로 전환하는 산업활동을 의미한다.

기계 분야에서의 가공(加工)도 다양한 종류가 있지만 일반적으로 CAM과 같은 절삭 가공을 의미한다.

> ▶ 절삭 가공이란?
>
> 가공하고자 하는 소재보다 높은 경도의 공구를 활용하여 불필요한 부분을 제거하여 원하는 크기나 형상으로 가공하는 방식을 의미한다.
>
> 속도나 깊이 등 절삭 조건에 따라 생산성, 품질 등이 좌우되므로 최적의 절삭 조건을 설정하는 일이 절삭 가공 공정에서 무엇보다 중요하며 절삭 조건은 가공 대상 소재 및 공구의 특성, 장비의 스펙과 가공 환경 등 다양한 요소를 고려하여 설정할 수 있다.
>
> 현장 혹은 교육기관 마다 상황 (사용하는 컨트롤러, 공작기계, 공구 등)이 다르기 때문에 비슷한 공정이라도 그 조건은 완전히 달라질 수 도 있음.

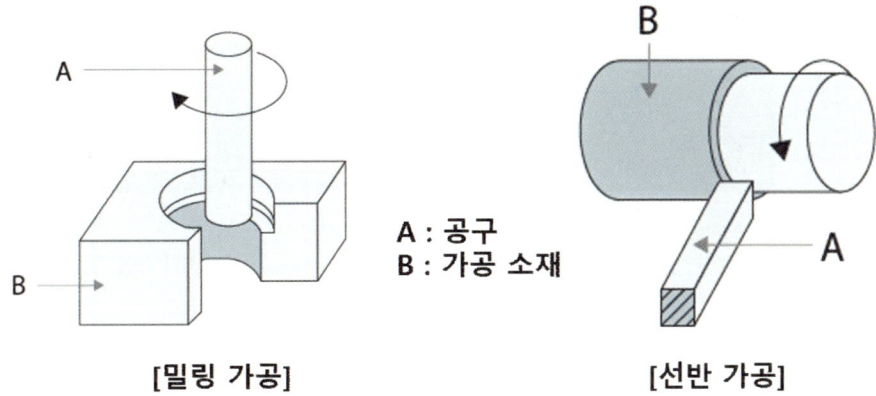

A : 공구
B : 가공 소재

[밀링 가공]   [선반 가공]

절삭 가공은 [선반], [밀링]으로 보통 분류된다.
선반은 원형의 공작물을 고정한 후 회전시켜 공구로 절삭하는 방식이며 공작물이 회전하므로 원통(축) 형태의 제품이 생산된다.

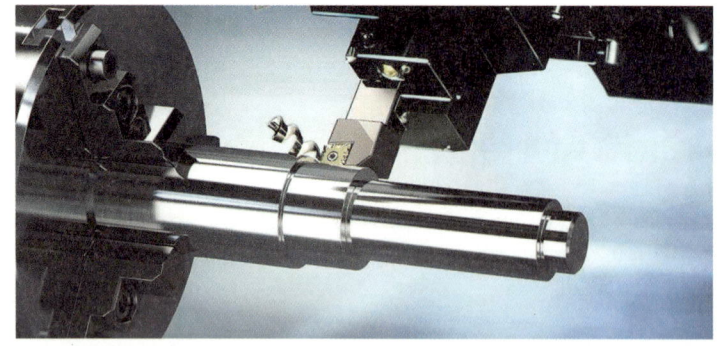

밀링은 공작물을 고정한 후 회전하는 칼날 (공구, 엔드밀)로 절삭하는 방식이다. 공구가 회전하므로 다양한 형태의 제품을 생산할 수 있다.

과거에는 핸들을 돌려 직접 공작물을 가공하는 범용 선반과 밀링을 많이 사용하였으나 최근에는 대량생산에 적합한 기계 컨트롤러가 부착된 CNC 공작기계를 많이 사용한다.

기계 컨트롤러에 의해 NC코드로 구동되는 공작기계를 CNC Machine으로 호칭되지만 CNC 밀링의 경우, 자동 공구 교환장치인 ATC(Auto Tool Changer)가 부착되었다면 머시닝센터 (Machining Center)로 불린다.

오늘날, 복잡한 제품을 생산하기 위한 다축(4축,5축) 가공기나 3D프린터 형식의 적층을 진행하면서 기계 가공을 진행하는 등의 특수한 형태의 가공 등 산업 현장에서 다양한 가공 방법을 채택하고 있다.

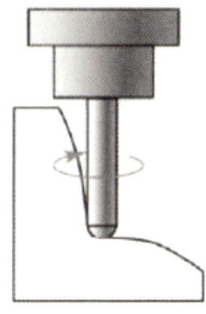 

나. CAD 시스템

CAD (Computer Aided Design)은 컴퓨터 응용 기술로서 설계 및 제도 분야의 계산과 기억 및 해석 능력을 이용하여 제품의 설계와 도면 작업을 하는 응용 소프트웨어이다. 대표적으로 SOLIDWORKS 등의 제품이 있다.

이러한 CAD 프로그램은 데이터를 바탕으로 그 내용이 그래픽으로 나타내는 시스템이며 인간과 컴퓨터의 접속을 모니터를 통하여 실시간으로 실행하며 컴퓨터를 이용하여 설계에 요구되는 조건을 찾아 내고 해결하는 설계 방법이다.

> ▶ CAD의 장점
> 1) 설계의 생산성과 질을 향상시킬 수 있다.
> 2) 도면 작성, 수정, 편집하기에 편리하다.
> 3) 정확한 설계가 용이하다.
> 4) 제도의 표준화와 도면의 문서화가 가능하다.
> 5) 설계 자료의 데이터를 구축할 수 있다.
> 6) 조작에 있어 짧은 시간에 이해가 가능하다
> 7) 설계의 변경이 용이하다.

다. CAM 시스템

CAM (Computer Aided Manufacturing) 컴퓨터 응용 생산은 기계나 부품 등의 생산에 필요한 데이터를 컴퓨터의 분석 능력을 이용하여 활용하는 시스템으로서, 컴퓨터에 의하여 대상이 구체화되고 형상화된다. 구체화되고 형상화된 모델을 통하여 생산에 필요한 자료를 얻고 재료를 선정하고 공급하며, 제조와 공정 제어를 통하여 자동적으로 제품을 생산하는 시스템이다.

CAD에서 작성한 설계 데이터 (제품 모델링 파일)을 통해 종합적인 공정 계획과 컴퓨터를 이용한 자동 프로그래밍 등과 같은 생산에 관한 정보를 처리하는 것을 말한다. 즉, 컴퓨터를 활용하여 CNC 공작기계의 가공 프로그램을 자동적으로 수행하는 시스템을 총칭하여 CAM 시스템이라 한다.

라. CAM 시스템의 정의

CAD에서 얻은 설계 데이터로부터 종합적인 생산 순서와 규모를 계획하는 것으로, 공작 기계의 종류나 수량, 공정 계획과 컴퓨터를 이용한 자동 프로그래밍 등과 같은 생산에 관한 정보를 처리하는 것을 말한다. 즉, 컴퓨터를 활용하여 CNC 공작 기계의 가공 프로그램을 자동적으로 수행하는 시스템을 총칭하여 CAM 시스템이라 한다.

CAM은 제조 단계의 생산 과정에서 실물과 같은 물체를 생산하는 시스템으로, 설계와 제조 분야에 컴퓨터를 도입하여 NC 코드를 생성하는 과정과 CNC 공작 기계를 운전하는 과정으로 나눌 수 있다. 이것은 생산 설비나 직접 또는 간접적인 인터페이스, 그리고 제어나 조작으로 생산성을 향상시키는 제조 방법의 하나이다.

마. CAM 시스템의 구성

CAM 시스템은 CNC 공작 기계의 활용과 더불어 공정 설계, 공정 제어와 감시, 자재 보급 계획, 검사와 조립을 할 수 있도록 구성되어 있으며, 이는 제품의 생산 과정에서 컴퓨터를 이용하여 작업하거나 제어하는 기술을 의미한다. 수작업으로 가공을 수행하던 부분이나 정밀한 형상을 컴퓨터를 통해 활용하기 위해서는 CAM 시스템에 적합한 SolidCAM과 같은 소프트웨어가 필요하다.

▶ CAM 시스템의 이용 효과
1) 생산성 향상과 품질 향상
2) 표현력 증대
3) 작업 표준화 가능
4) 데이터 구축
5) 작업의 효율화와 합리화

가. CL 데이터

CL (Cutting Location) 데이터는 공구 위치 정보 뿐만 아니라, 가공 조건이나 각종 기능의 정보를 포함하고 있다. 파트 프로그램(모델링)을 컴퓨터에서 연산 처리하여 공구의 이동 궤적을 좌표값으로 나타낸 것이다.

나. 공구 경로 (Tool path) 검증

정의한 곡선 또는 곡면에 기초하여 가공 조건과 방식을 지정하여 CL 데이터를 산출한 다음, 정의된 형상과 같이 가공이 이루어지도록 모델을 수정하여 필요한 가공 형상을 얻기 위한 검증 (Simulation) 단계이다.

다. 포스트 프로세싱 (Post-processing)

CL데이터를 CNC 공작기계가 이해할 수 있는 NC코드로 변환하는 작업을 말한다. 이는 도형 정보나 운동 정의문에 기초하여 실제로 공작 기계가 알 수 있는 NC코드를 생성하는 부분과 생성된 NC코드를 공작 기계에 전송하는 부분으로 구성되어 있다. 이와 같이 NC언어로 정보 처리하는 회로를 컨트롤러라고 하며, 이것을 포스트 프로세싱이라 한다.

> ▶ 포스트 프로세서 (Post-Processor)
> CAM을 바탕으로 만들어진 형상으로 CNC 공작 기계의 가공 정보를 산축하는 프로그램
>
> ▶ 기계 컨트롤러
> CNC공작 기계의 NC언어로 정보를 처리하는 회로를 의미하며 FANUC, SIMENS, HIDENHIN의 대표적인 컨트롤러가 있다. 컨트롤러에 따라 사용되는 NC언어에 차이가 있다.

라. 직접 수치 제어 운전

직접 수치 제어 (Direct Numerical Control : DNC)란, CAM 시스템의 정보를 컴퓨터를 이용하여 CNC 공작 기계가 알 수 있는 신호로 변환하여 원격으로 운전하는 것을 말하며, 이는 LAN을 통하여 직접 전송되며 데이터에 의한 가공을 하는 방식을 말한다.

2 | SolidCAM 개요

가. CAD와 완벽히 통합된 CAM

 1984년에 설립된 SolidCAM은 CAD 시스템과 통합 전략을 세워 엄청난 성장을 일으켰습니다. CAD 프로그램과 CAM 프로그램은 별개의 소프트웨어로 사용하는 것은 이종간 소프트웨어 전송 시 모델링 파일의 손상 등의 이유로 추가 작업 (면 편집 등)이 필요하기도 하고 설계 변경등의 사유로 형상이 변경되면 CAM작업을 다시할 필요도 있다. 또한, CAM 연산 시 모델링 품질에 영향을 받기도 한다. 또한, 새로운 제품을 사용하려면 새로운 인터페이스나 조작법에 익숙해질 필요가 있다. 이러한 복수의 제품을 사용하는 것은 바람직하지 못하다.

 SolidCAM은 이러한 문제를 SOLIDWORKS와 완벽히 통합된 환경에서 구동되도록 하여 개선했다. 쉬운 3차원 CAD에서 시작된 SOLIDWORKS인 만큼 쉽고 빠르게 제품을 설계하고 디자인할 수 있고 작성한 CAD 데이터를 이용하여 CAM을 작성할 수 있어 이종간 소프트웨어 변환으로 인한 모델링 손상이 발생하지 않고 동일한 조작과 인터페이스를 유지했기에 새로운 조작법을 배울 필요가 없다.

▶ SOLIDWORKS 환경에서 SolidCAM을 사용할 때의 이점

1) SOLIDWORKS 단일창으로 실행
   - SOLIDWORKS와 동일한 직관적인 사용환경을 제공하고 최신 4K 디스플레이 지원
   - 통합된 단일창 구성으로 SOLIDWORKS 어셈블리 환경에서 모든 가공 작업을 정의하고 검증

2) 완벽한 통합 환경
   - SOLIDWORKS 모델링(Parts)의 형상 변화에 따라 Tool path 자동 업데이트
   - 2D/3D 가공작업에 사용되는 형상 정보는 SOLIDWORKS 디자인과 연관되어 있어 SOLIDWORKS형상을 변경하면 CAM 작업은 자동으로 업데이트

3) SOLIDWORKS Assembly 지원
   - SolidCAM은 고정구, 바이스, 공구 정의 등을 Assembly 모드를 통해 지원
   - SolidCAM + SOLIDWORKS는 모든 CNC 기계 유형 및 응용에 대해 확장이 가능

나. iMachining

 2011년 SolidCAM이 출시한 가공 시간을 최대 70% 감소시켜주는 특별한 가공 방법으로 자동으로 소재에 적합한 FEED 및 Spindle을 최적화한다. 높은 프로그래밍 생산성을 바탕으로 공구 수명은 늘려고 가공 시간은 단축할 수 있는 독점 미국 특허 기술이다.

3 | SolidCAM 기본설정

가. SolidCAM 실행하기

SolidCAM은 SOLIDWORKS의 Add-in 방식으로 구동되므로 별도로 애드인 활성화를 할 필요가 있다.

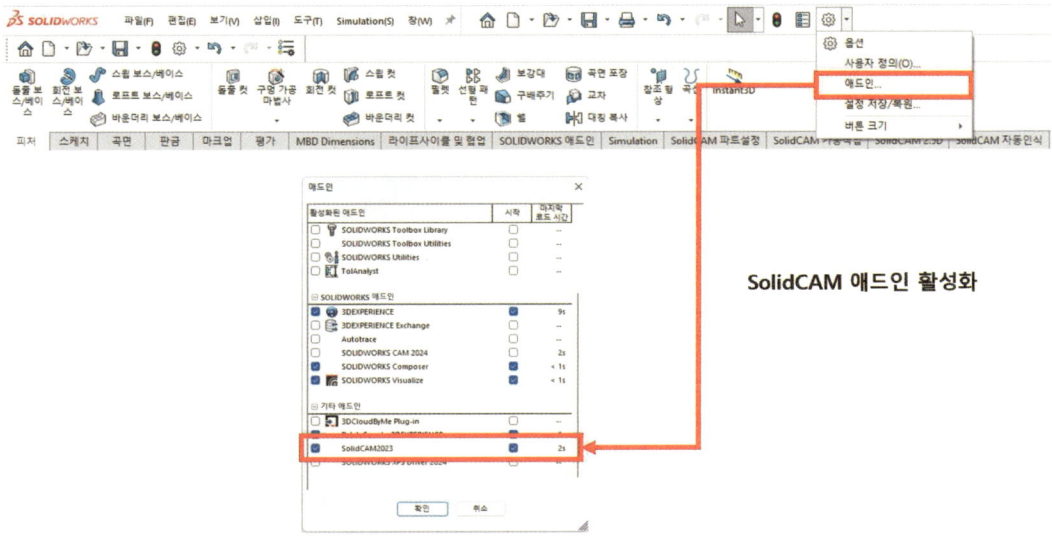

SOLIDWORKS를 실행하고 설정에서 [애드인]을 클릭한다.
[Partner Gold 애드인] 항목에서 SolidCAM을 활성화 한다. 우측에 있는 [시작] 항목에 체크 해두면 SOLIDWORKS가 실행될 때 SolidCAM 애드인이 자동으로 활성화할 수 있게 설정할 수 있다.

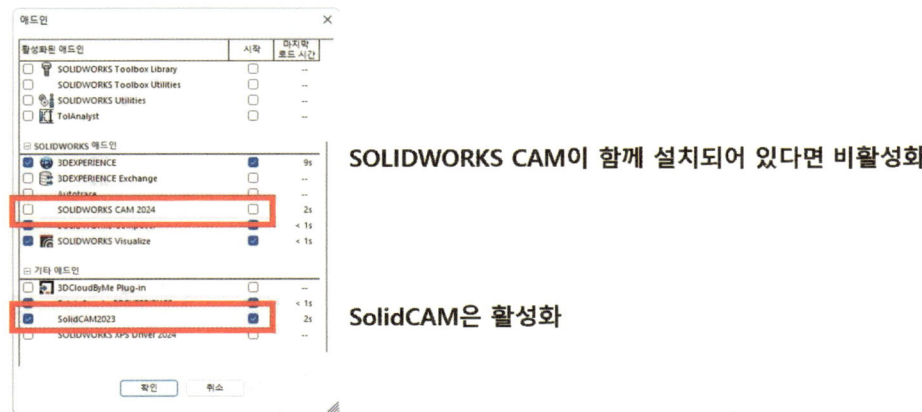

SOLIDWORKS CAM과 SolidCAM이 모두 설치된 경우, 프로그램이 충돌날 수 도 있기에 사용하지 않는 애드인은 비활성화하는 것을 권장한다.

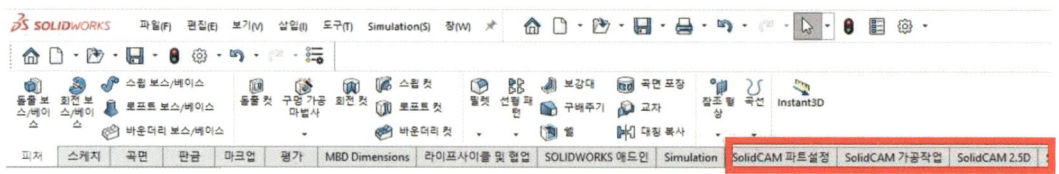

애드인을 활성화하면 SolidCAM 관련 명령이 나타남

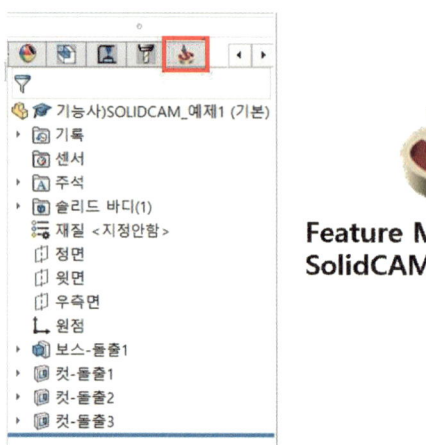

Feature Manager Tree
SolidCAM 아이콘이 나타남

Add-in을 활성화하면 SOLIDWORKS - Feature Manger Tree에 SolidCAM 아이콘이 나타난다. 만약, 아이콘이 나타나지 않는다면 Add-in이 비활성화되어 있는 상태거나 SolidCAM이 설치되지 않은 상태일 수 있다.

나. SolidCAM 환경설정

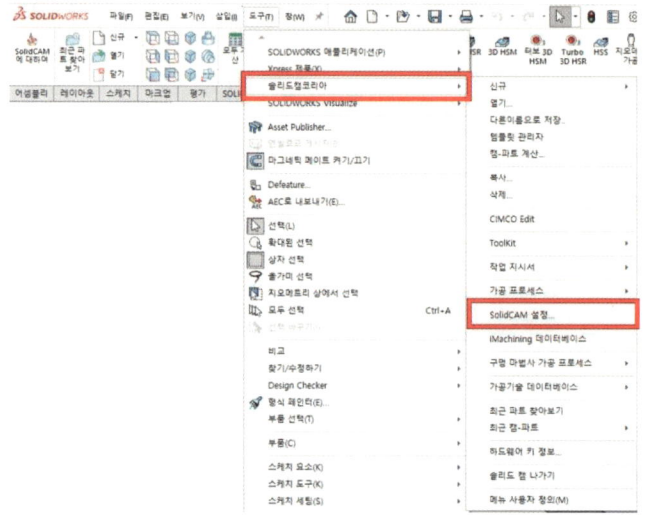

 SolidCAM을 바로 사용해도 무방하지만 기본설정을 몇가지 해두면 편리하게 이용할 수 있다. [SOLIDWORKS 도구] - [솔리드캠코리아] - [SolidCAM 설정]에서 설정할 수 있다.

[디폴트 CNC-컨트롤러]에서 컨트롤러가 자동으로 선택되게 설정할 수 있다.

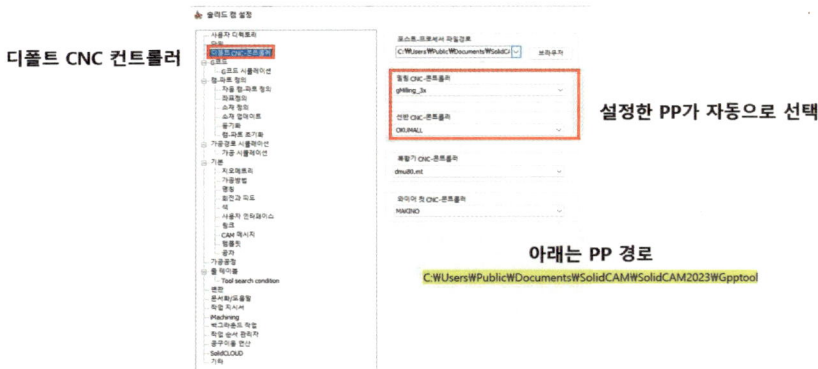

[G코드] 항목에서 G코드 에디터를 CIMCO나 Notepad(메모장) 중 선택할 수 있다.

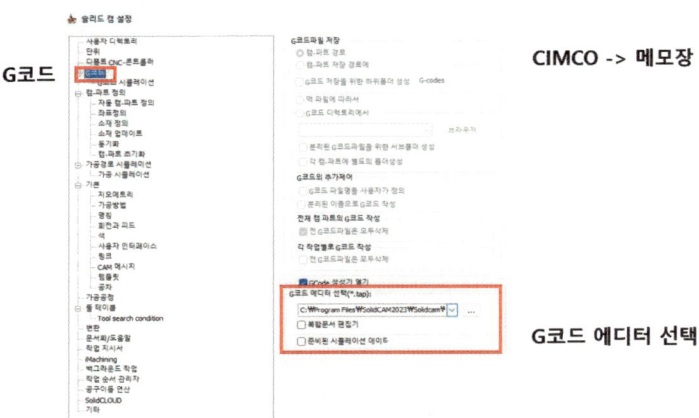

[소재정의] 항목에서 "박스 옵셋" 설정으로 생성될 소재의 크기가 지정한 형상을 기준으로 얼마나 더 크게할지 혹은 동일한 사이즈로 설정할지 결정할 수 있다.

[사용자 인터페이스]에서 [가공 시간 보기]를 체크하면 가공 별 소요되는 시간이 표기된다. 단, 실제 가공 시에는 공작기계의 Fillet 부분의 이송 시 발생하는 가감속이나 G00 움직임 등은 고려되지 않는다.

컴퓨터응용밀링기능사

1 | SOLIDWORKS 모델링

SOLIDWORKS는 Dassault Systemes에서 제공하는 브랜드 중 하나로 CAD (컴퓨터 지원 설계), 컴퓨터 지원 공학 (CAE)으로 시작하여 컴퓨터 지원 제조 (CAM), 데이터 관리 (PDM), 시각화 (Visualization), 제조지원 (MBE) 등 설계 및 제조 관련 다양한 솔루션을 제공하고 있다.

SOLIDWORKS는 쉬운 사용법과 폭 넓은 산업분야 (제품 디자인, 기구설계, 기계설계, 전기설계, 전자, 메디컬의료분야 등등)를 아우르는 3D 디자인/설계에 최적화된 수직 계열화된 소프트웨어 패키지, 다양한 3D/2D 파일 호환성 등의 강점으로 전 세계 약 25만 이상의 교육용 기관과 기업과 590만 명 이상의 엔지니어와 디자이너가 사용중이며 특히 미국 및 유럽 기업들이 많이 사용하는 제품이며 한국에서도 제품 디자인부터 제조 역량을 갖춘 많은 교육기관과 기업에서 활용 중이다. SOLIDWORKS는 전 세계에서 가장 많이 사용되는 검증된 3D CAD 이다.

"사용이 편리한 3D CAD"라는 컨셉을 가진 SOLIDWORKS는 타 3D CAD 툴 대비 상당히 쉽고 직관적인 사용법을 자랑하는 특징을 가지고 있으며 기초적인 공간 지각력과 PC 조작법을 알고있다면 학력과 무관하게 누구나 습득할 수 있는 특징이 있다.

SOLIDWORKS 아이콘 더블클릭

시작 메뉴에서 SOLIDWORKS 실행

바탕화면 혹은 Window의 시작에서 SOLIDWORKS 아이콘을 이용하여 실행하면 스플래시 창이 나타난다.

SOLIDWORKS가 실행되면 [파트], [어셈블리], [도면] 중 하나를 선택할 수 있다.

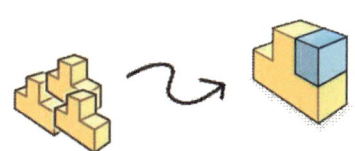
다수의 "부품"을 "어셈블리"로 조립

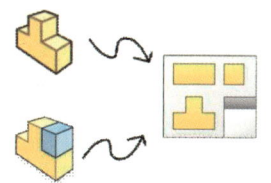
"부품" 또는 "어셈블리" 를 "도면화"

SolidCAM 작업은 대부분 Part에서 작업이 이루어진다.

1. SOLIDWORKS에서 모델링을 할 때 우선 스케치로 2D를 작성할 필요가 있고 스케치는 특

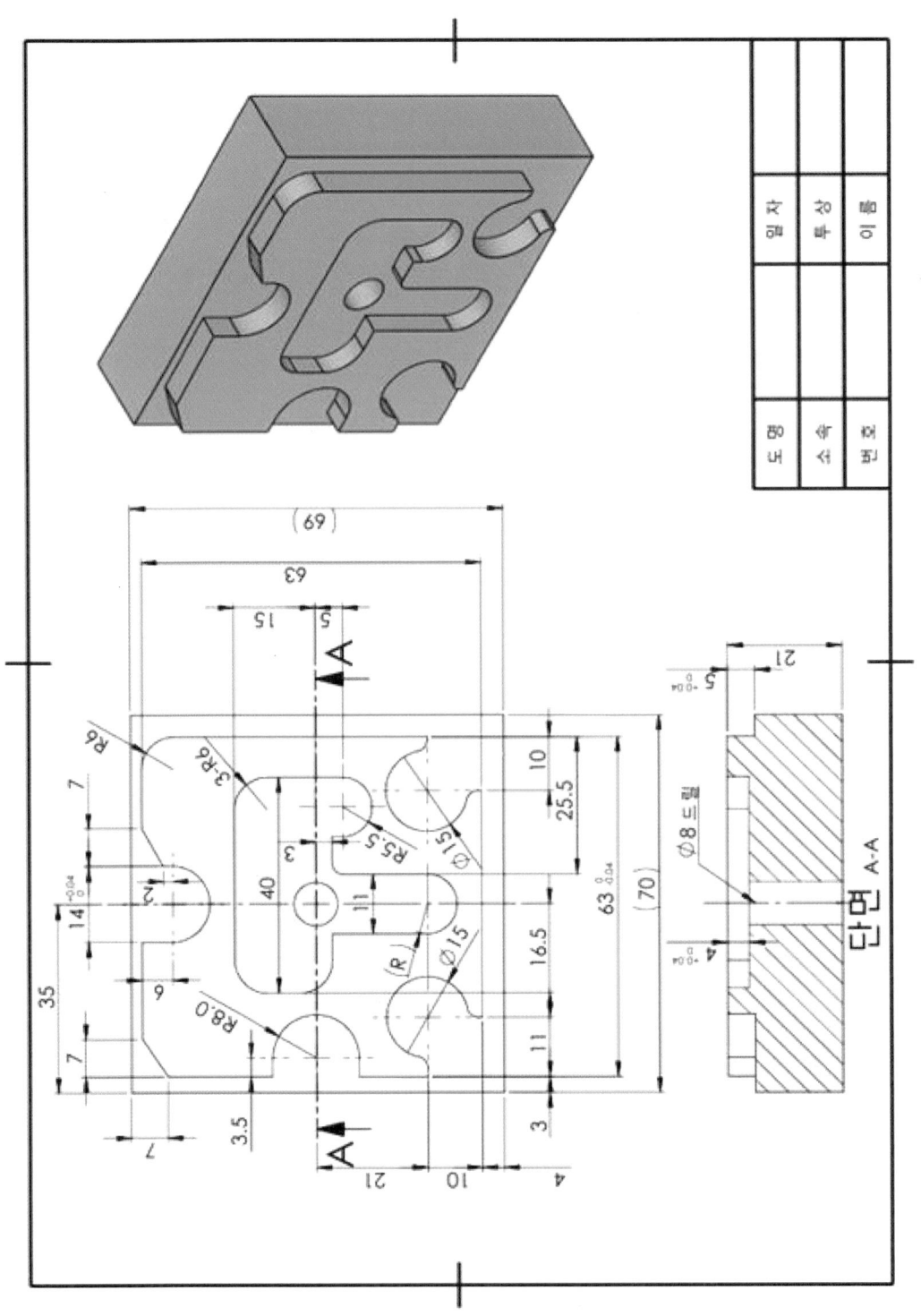

정한 "평면"에 작성할 수 있다. 기본적으로 X,Y,Z 3개의 좌표를 기반으로 "정면", "우측면", "윗면"의 평면을 제공한다.

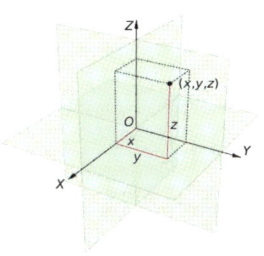 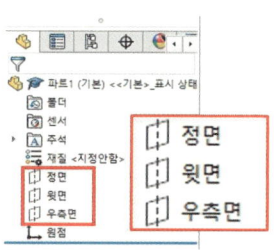

3D CAD의 좌표계   SOLIDWORKS 기본 평면

2. 도면을 작성할 때는 어떤 평면에서 시작하는 것이 유리할지 생각하고 작성하면 최소한의 동작으로 작업을 완료할 수 있다. 그렇기에 처음 평면을 설정하는 것이 매우 중요하다. 이번 예제에서는 윗면을 시작으로 스케치를 진입한다.

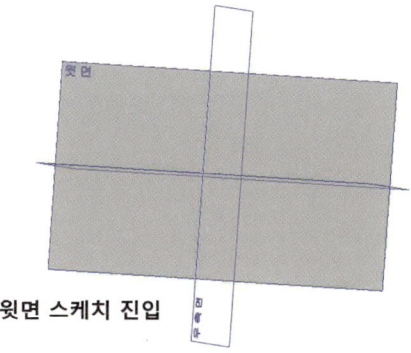

윗면 스케치 진입

3. 스케치에 진입하면 SOLIDWORKS Tool-bar에 "스케치" 관련 Command를 이용하여 2D 스케치를 작성할 수 있다. 2D CAD에서는 모든 요소(Entity)를 작성하는 반면 3D CAD에서는 3차원 형상을 제작하는 것이 목적이기에 대략적인 특징을 작성하는 것이 중요하다.

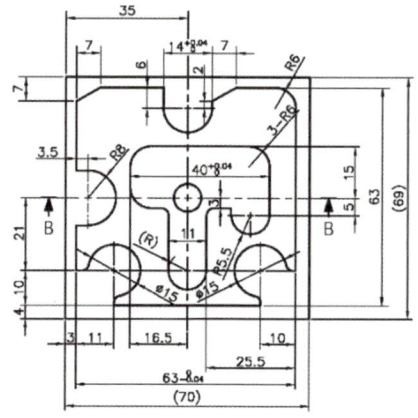

형상의 특징을 파악하고 윤곽을 작성

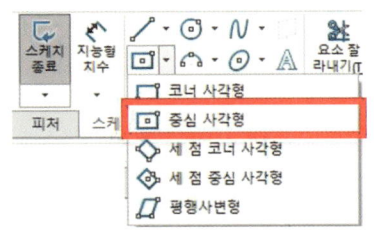 

X0 Y0 Z0 = 원점   주황색 점이 나타남

4. 명령 [중심 사각형]을 실행하여 원점 (X0, Y0, Z0 위치)에 마우스 커서 두면 주황색 점이 나타난다. 이는 무한에 가까운 공간에 정확한 포인트를 클릭하기 위해 도움을 주는 요소이다.

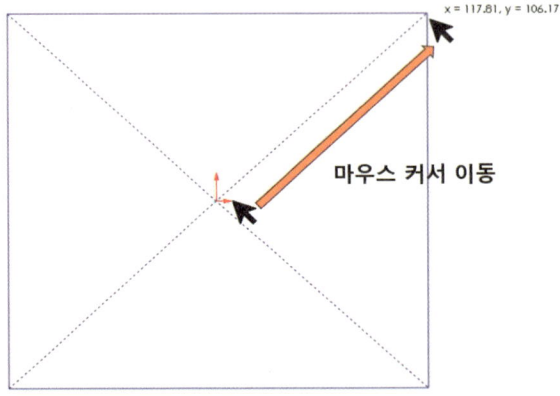

5. 주황색 점을 클릭하고 마우스를 이동하여 사각형을 작성한다. 이때, 중심점과 끝점을 지정하여 사각형을 정의할 수 있다.

▶ 파란색 스케치와 검정색 스케치

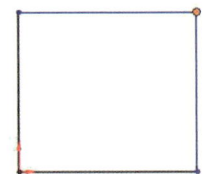 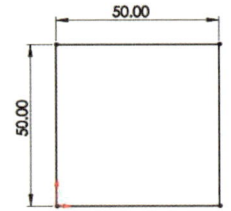

파란색 - 불완전 정의   검은색 - 완전 정의 상태

스케치를 작성하면 초기에는 파란 상태로 나타나는 것을 확인할 수 있다. 파란색 상태는 불완전 정의를 의미하고 검은색은 완전 정의를 의미한다.
SOLIDWORKS는 파라메트릭 설계 방식을 사용하므로 3차원 형상을 제작하기 전 반드시 완전 정의 상태에서 작업해야 원활한 설계가 가능하다.

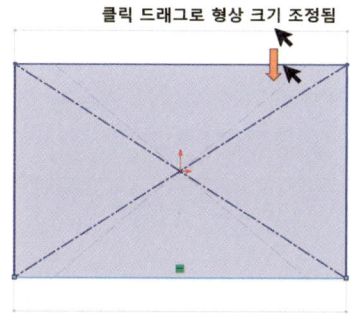

6. 불완전 정의된 요소 (푸른색 요소)에 커서를 올려두고 주황색으로 [선]이 빛날 때 마우스 클릭 후 드래그하면 형상의 크기가 조정된다. 이는 파라메트릭 설계 방식의 특징으로 완전히 구속되지 않은 요소의 형상은 변경될 수 있다. 따라서, 완전히 구속하여 돌출해야 차후 잘못된 형상이 생성되는 것을 방지할 수 있다.

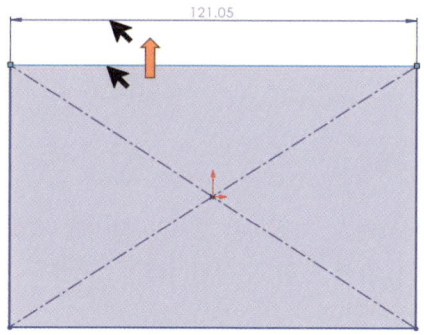

7. 불완전 정의된 요소 (푸른색 요소)에 [지능형 치수]나 [구속 조건]을 활용하여 완전 정의 상태로 만들 수 있다. 이번에는 [지능형 치수]를 이용하여 사각형 각 변의 길이를 정의한다.

8. 나머지 변의 길이도 [지능형 치수]를 이용하여 길이를 정의하면 스케치가 완전 정의 상태가

된다. 완전 정의 상태에서는 스케치를 마우스 커서로 선택하고 드래그하여도 움직여지지 않는다.

즉, 작성된 형상이 변형될 염려가 없기에 특별한 경우가 아니라면 반드시 완전정의된 스케치를 사용하여 3차원 형상을 제작해야 한다.

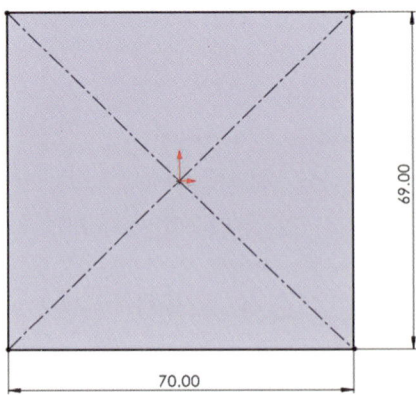

치수를 삽입해서 완전 정의한다

▶ 스케치와 피처

3차원 피처 (3D Body)를 작성하기 위해서는 2차원 평면에 작성된 스케치가 필요하다. (스케치는 2D요소를 작성하기 위한 도구 모음입니다.)

[스케치] 탭은 스케치 (2D요소)를 작성하기 위한 명령이 모여있다

스케치는 [스케치] 탭에 기능들이 모여있습니다.

[피처] 탭은 피처 (3D바디)를 작성하기 위한 명령이 모여있다

피처는 [피처] 탭에 기능들이 모여있습니다.

9. 돌출을 이용하여 3차원 "피처(Feature)"를 생성할 수 있다.
    스케치 상태에서 "돌출"을 실행하면 작성 중이던 스케치가 "돌출" 대상으로 자동 선택된다.
    만약, 스케치를 완료한 상태라면 어떤 스케치를 "돌출" 대상으로 할지 선택하는 과정이
    필요하다.

10. 도면을 참조하면 형상의 전체 높이는 21mm이므로 전체 높이만큼 돌출한다.

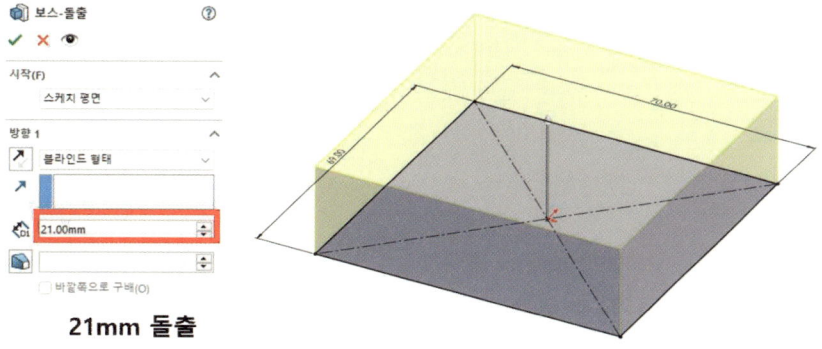

21mm 돌출

11. 돌출한 형상의 가장 높은 면을 클릭하고 스케치에 진입한다.
    "평면 (Flat Surface)"를 선택하고 "스케치"에 진입하면 해당 면을 기준으로 스케치가
    작성된다.

12. "선" 명령을 이용하여 형상의 대략적인 외형을 스케치한다.

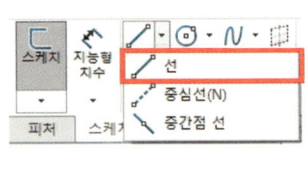
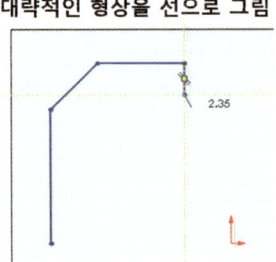
대략적인 형상을 선으로 그림
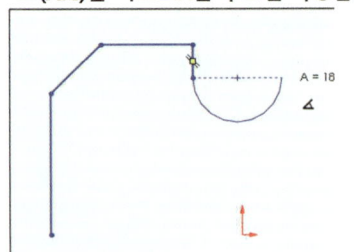
호(Arc)는 키보드A를 누르면 작성됨

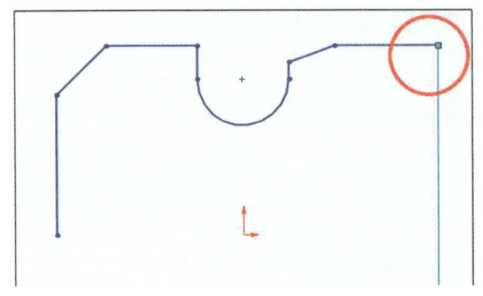
필렛 부분은 직각으로 작성한다

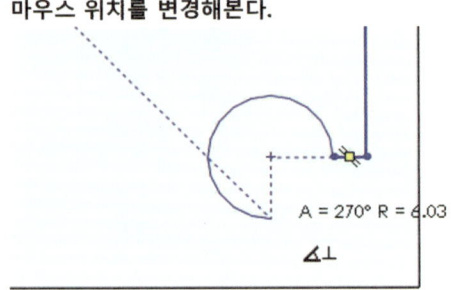
호 작성 시 원하는 결과가 나오지 않는다면 마우스 위치를 변경해본다.

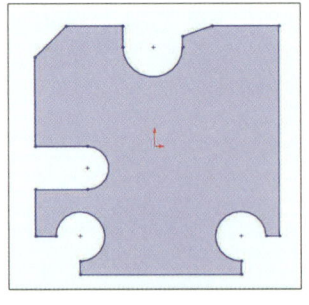
대략적인 형상을 작성한다

13. "중심선" 명령을 이용하여 형상의 중심에 선을 작성한다.

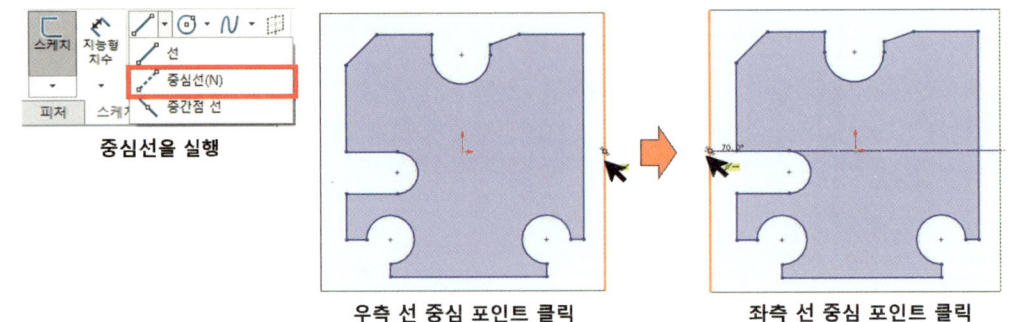

중심선을 실행   우측 선 중심 포인트 클릭   좌측 선 중심 포인트 클릭

▶ SOLIDWORKS의 중심선
기계제도의 원이나 호의 중심을 표시하는 Center Line의 의미보다 스케치 작성을 도와주는 보조선의 개념입니다. 또는, 회전체나 대칭 형상의 중심으로 사용합니다.

14. "중심선" 명령을 이용하여 형상의 중심에 십자선을 작성한다.

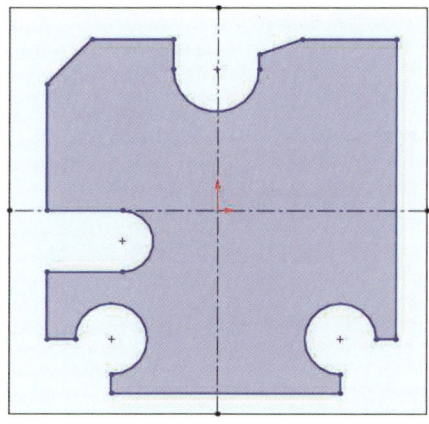

15. 원의 중심과 작성한 중심선을 키보드 Ctrl을 누르고 클릭한다.
    [일치] 구속으로 "구속조건"을 부가한다.

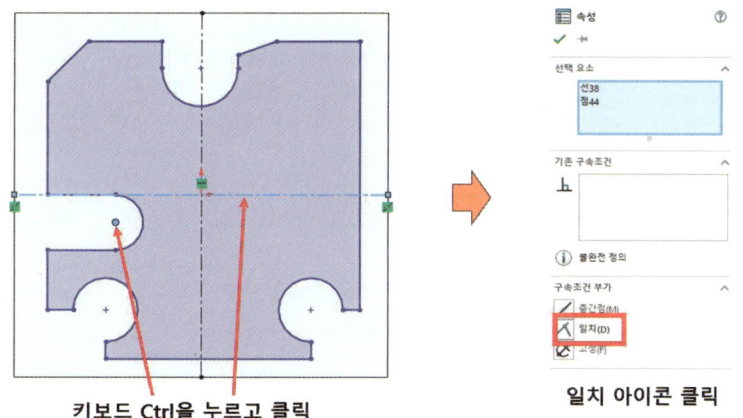

키보드 Ctrl을 누르고 클릭   일치 아이콘 클릭

▶ 스케치 구속조건

SOLIDWORKS에서 스케치를 구속하는 방법은 "치수 부여"와 "구속 조건 부가"입니다.
스케치가 구속됨은 특정한 직선이 완전히 고정된 상태를 의미합니다.

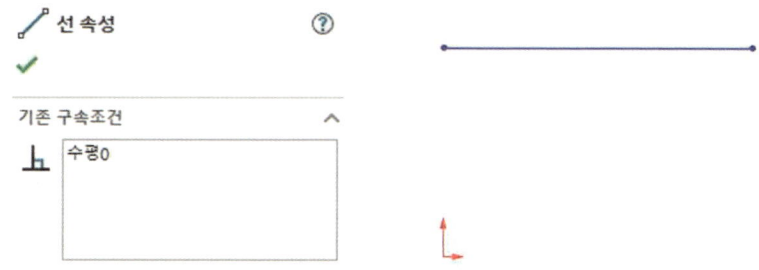

수평한 선이지만 구속되지 않음

임의의 포인트에 수평한 선을 작성해도 구속이 부가되지 않음을 볼 수 있습니다.

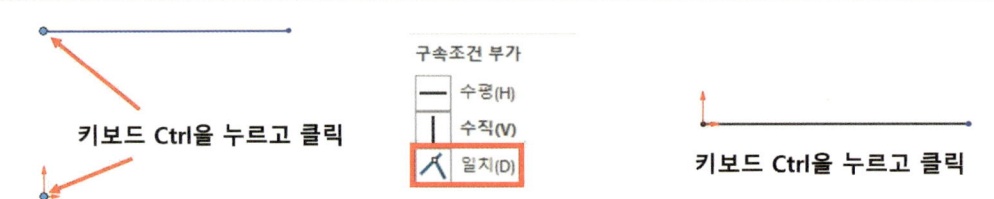

키보드 Ctrl을 누르고 원점과 선의 끝점을 클릭해서 [일치] 구속을 걸면 선이 완전 구속됩니다.

반면 선의 우측 끝 점(Point)는 여전히 파란색으로 불완전 정의 상태로 남아있습니다.
마우스 드래그를 이용해서 점을 클릭해서 이동하면 선의 길이가 변하는 것을 확인할 수 있습니다.
선은 2개의 점(Point)를 통해서 정의되므로 첫 번째 점(Point)는 고정된 점인 [원점]과 일치하므로 해당
포인트는 이동되지 않고 선은 [수직]하므로 두 번째 점이 수평한 방향으로 이동하는 것 외에는 모두
구속됨을 알 수 있습니다. 이때 2번째 점의 위치를 고정해준다면 선이 완전히 구속됩니다. 다른 방법도 있지만
[지능형 치수]를 이용하여 선의 길이를 지정해줄 수 있습니다.

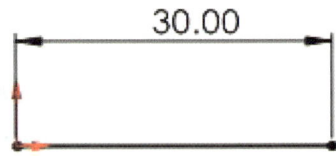

이러한 방식으로 SOLIDWORKS에서는 구속조건과 치수 부여를 통해서 형상을 정의할 수 있습니다.

16. 구속 조건을 부여해서 형상이 원하지 않는 형태나 너무 길거나 짧은 길이를 가지게 되는 경우, 마우스 드래그를 이용하여 원래 의도했던 형태로 변형합니다. 이후 치수 혹은 구속 조건을 통해서 정의합니다.

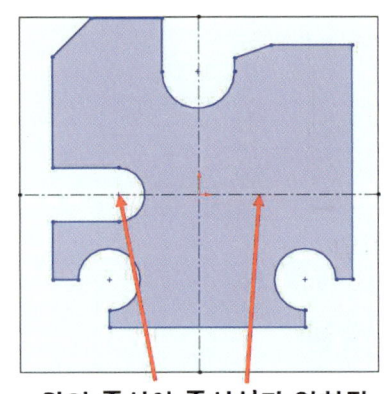

원의 중심이 중심선과 일치됨

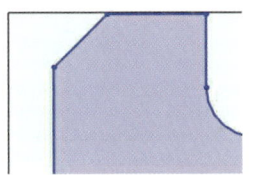

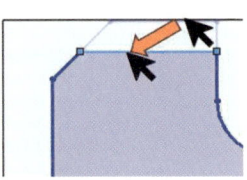

구속에 따라 형상이 변화되면 마우스 드래그로 이동한다

17. 위쪽 원에도 일치 구속을 부여합니다.

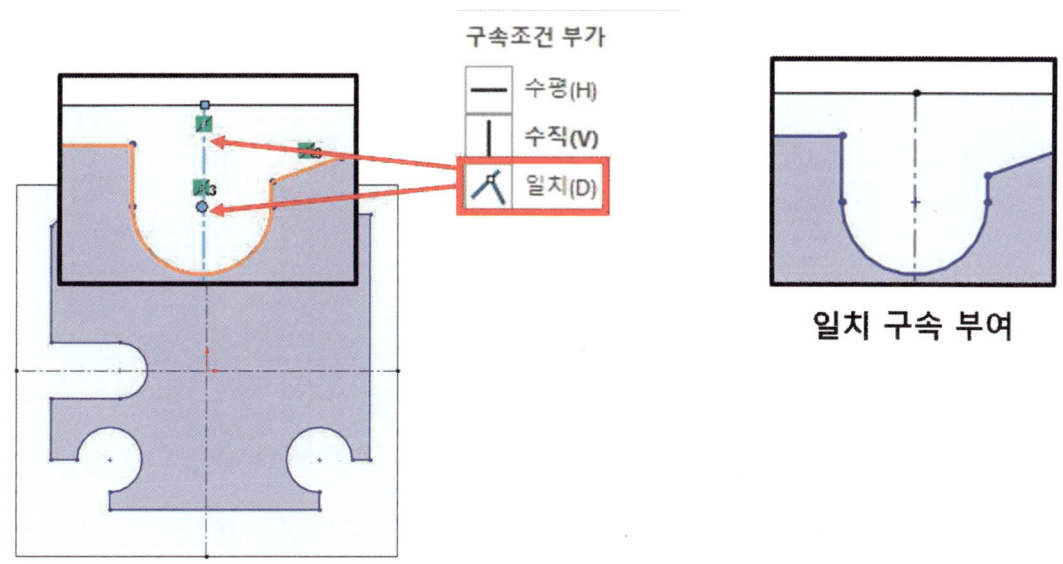

18. "스마트 치수"를 이용하여 큰 치수 위주로 작성한다.
    큰 치수부터 기입하면 형상이 의도하지 않은 형태로 변형되는 것이 상대적으로 적기 때문이다.

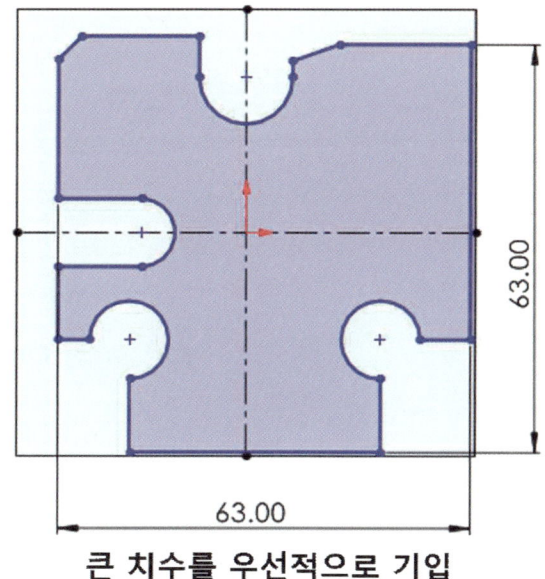

큰 치수를 우선적으로 기입

19. 피처로부터 길이를 정의해주는 [지능형 치수]를 부여한다.

이전 스케치와 피처 돌출 명령으로 생성된 3D Body는 이번 스케치의 정의와 무관하게 "고정"되어 있는 상태로 해당 기준으로부터 선이나 점의 길이를 정의할 수 있다.

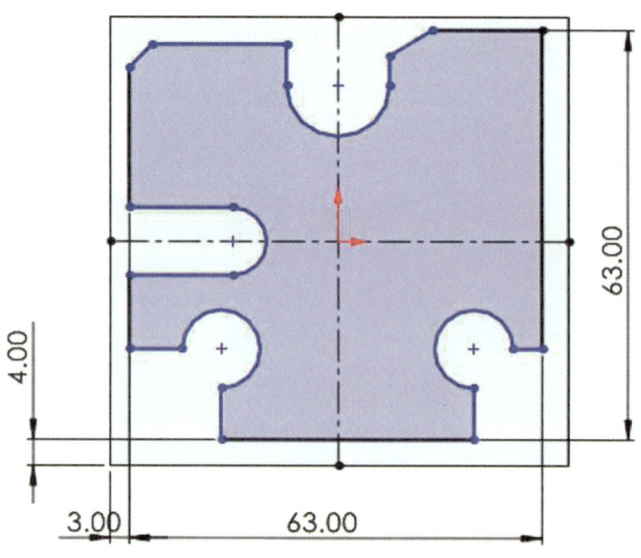

작성된 피처에서 치수 기입

20. 도면을 참조하여 치수를 부여한다.

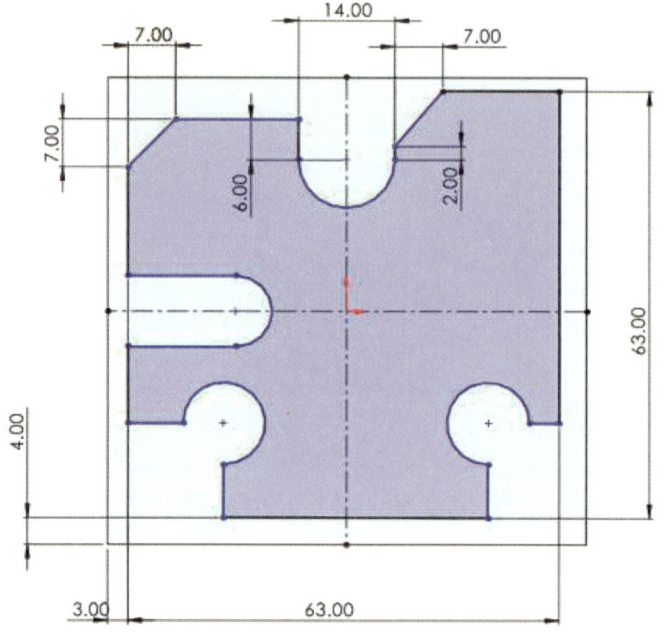

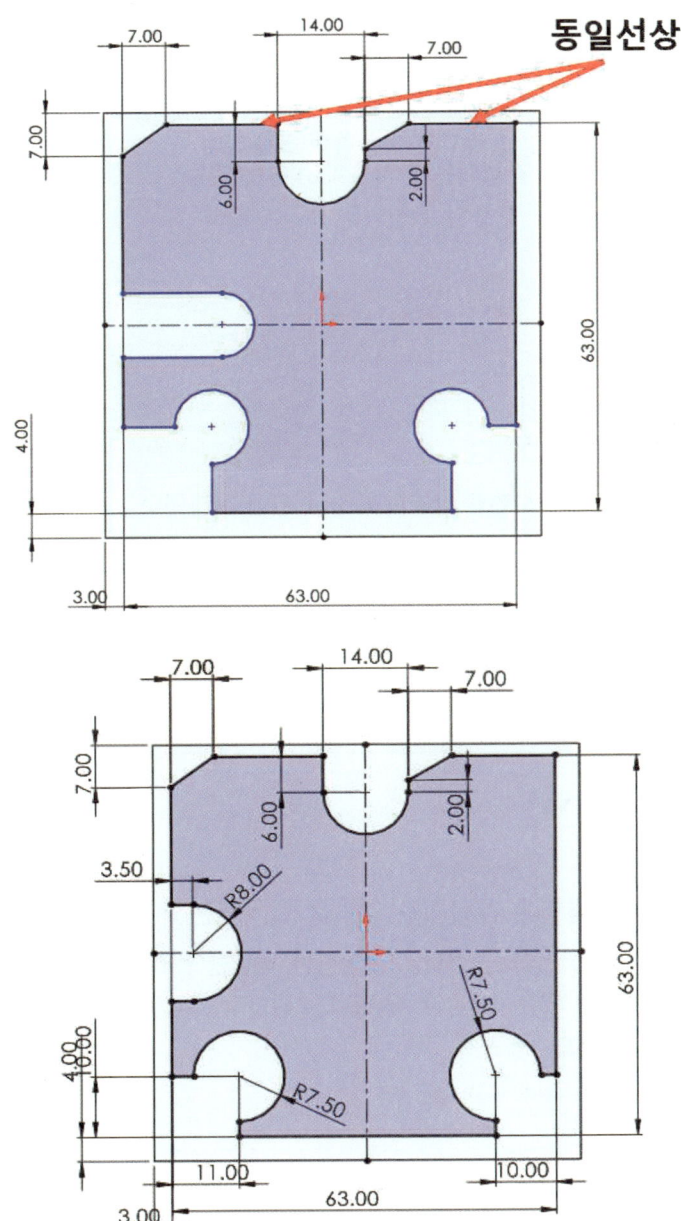

> ▶ 과구속의 경우
>
> 도면을 참조하여 치수를 부여 시 일부 치수는 기입되지 않을 수 있습니다. 이는 요소를 중복으로 정의하면 연산의 오류로 인하여 에러가 발생하게 됩니다. 따라서, 과구속이 발생하면 불필요한 치수는 제거합니다.
> 3차원 CAD는 모든 치수를 부가할 필요가 없습니다.

21. [피처] - [돌출 컷] 기능을 실행한다.

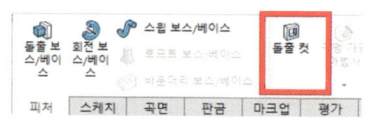

스케치를 이용하여 돌출하며
간섭되는 영역을 CUT하는 기능

22. 도면을 참조하면 5mm만큼 돌출된 형상임을 알 수 있다.

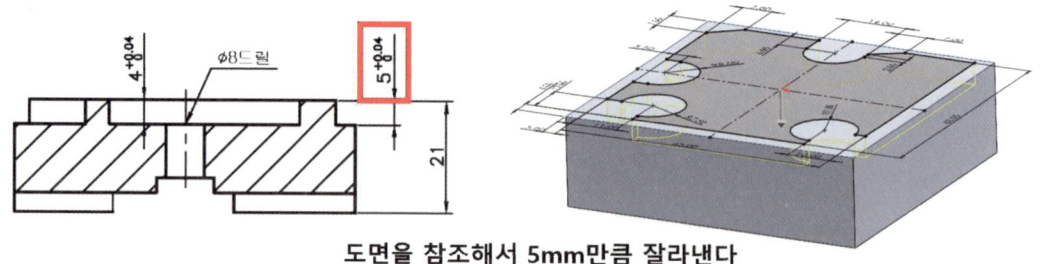

도면을 참조해서 5mm만큼 잘라낸다

23. 돌출컷은 간섭 영역을 잘라내는 기능이므로 아래 이미지처럼 Cut 된다.

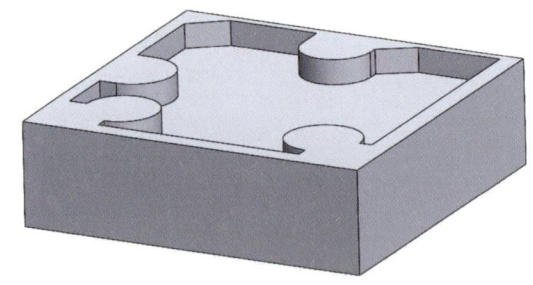

돌출컷은 간섭되는 영역을 잘라내는 기능

24. [자를 면 뒤집기]를 체크한 후 돌출컷을 실행하면 작성한 스케치를 기반으로 닿는 면이 남고 나머지 부분 (닿지 않는 부분)이 제거된다. 일반적인 돌출컷과 잘라지는 부분이 반대로 전환되는 기능이다.

컷-돌출을 마우스 좌클릭   피처 편집 선택

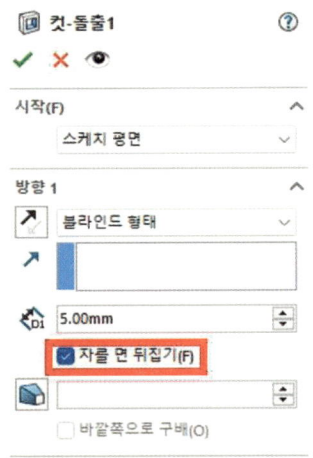
자를 면 뒤집기 체크

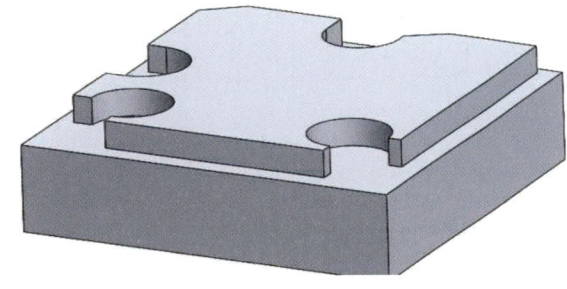
자를 면이 뒤집힘(반전됨)

25. 가장 윗면을 클릭하고 스케치를 진입한다.

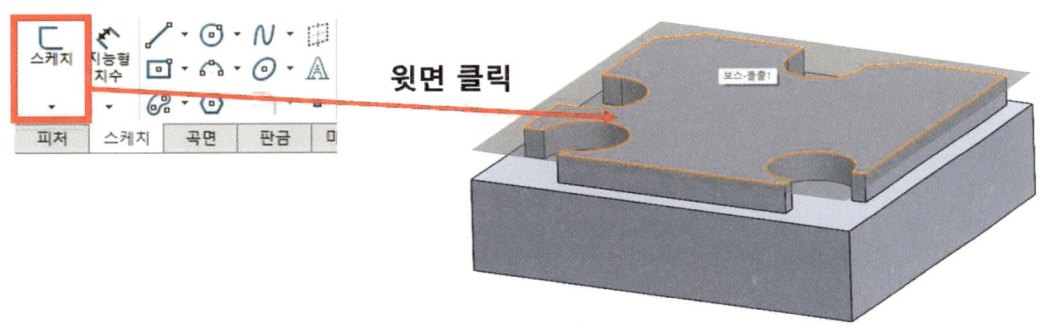
윗면 클릭

26. 중심선을 작성하고 내부 스케치를 작성한다.

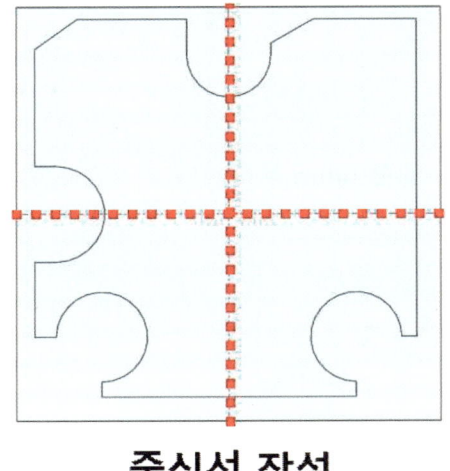
중심선 작성

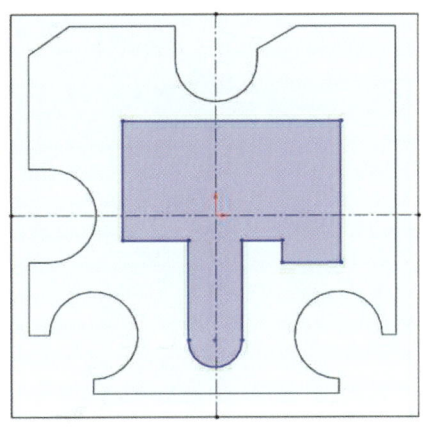
내부 스케치작성

27. 치수와 구속조건을 이용하여 완전구속 상태로 작성한 후 R6 필렛을 부가한다.

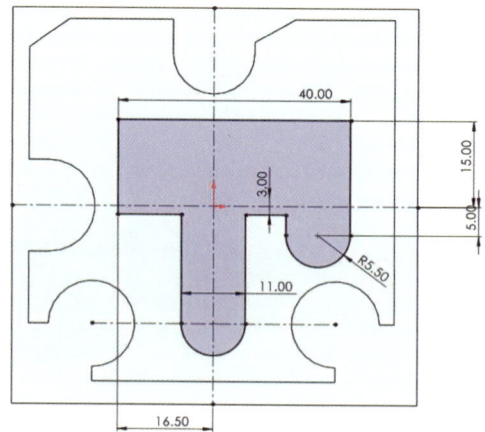

스케치 치수 / 구속 부여

28. [돌출 컷]을 실행하여 4mm만큼 컷한다.

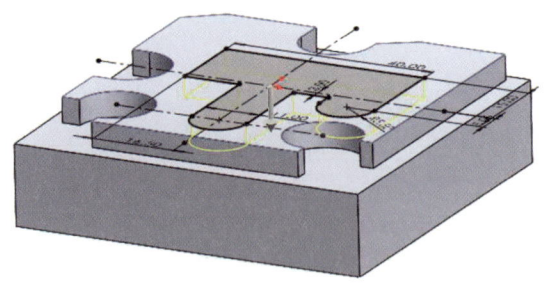

4mm만큼 돌출 컷

29. 필렛을 부여한다. (필렛은 스케치에서 부여해도 무방)

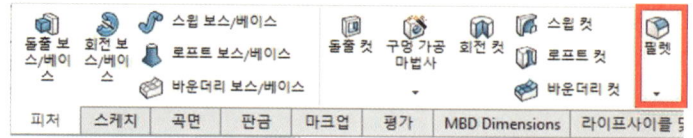

필렛 6mm 부여

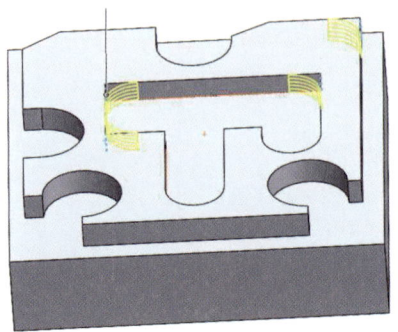

30. 드릴 구멍 스케치를 작성하여 8mm 원을 작성하여 돌출컷으로 관통한다.

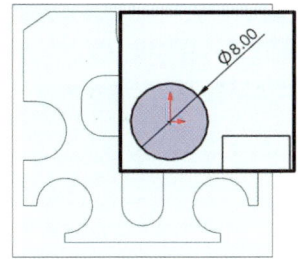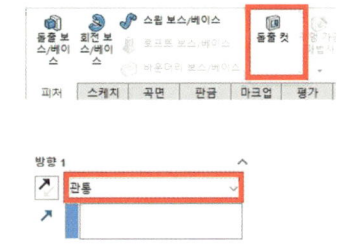

2 | SolidCAM 기초 설정

본격적인 CAM 작업을 하기 전 애드인 설정이 제대로 되어 있는지 체크할 필요가 있다. 만약, SOLIDWORKS CAM과 SolidCAM을 모두 활성화한 상태라면 충돌로 인해서 프로그램이 강제 종료되는 등의 문제가 발생할 수 있다.

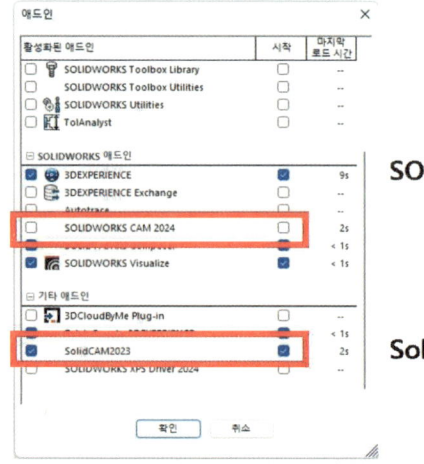

따라서 SolidCAM 작업을 위해서는 SOLIDWORKS CAM을 비활성화해둔다. 만약, SOLIDWORKS CAM을 별도로 설치하지 않았다면 해당 작업은 불필요하다.

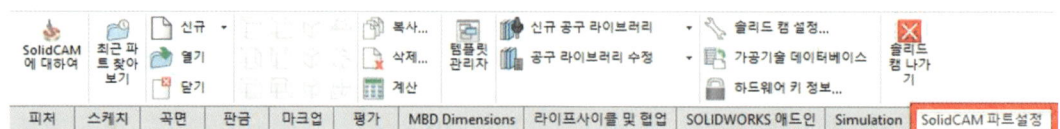

애드인 활성화가 완료되면 SOLIDWORKS Toolbar에 SolidCAM 관련 항목들이 나타난다. SOLIDWORKS와 SolidCAM은 완벽히 통합된 환경에서 사용이 가능하므로 별도로 프로그램을 실행하거나 데이터 변환 등의 불필요한 작업이 필요없다.

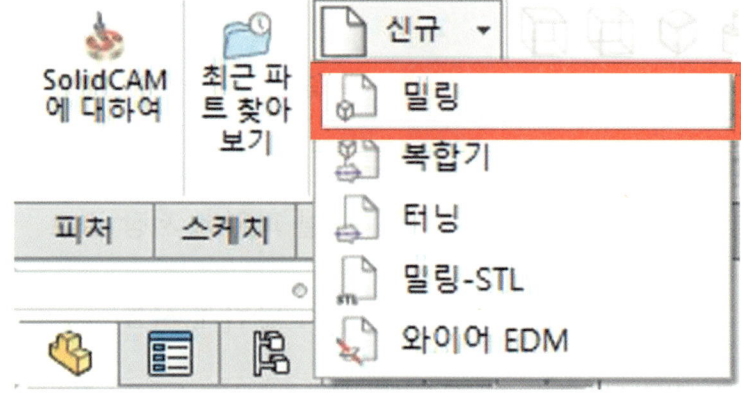

SolidCAM 항목에서 [신규] - [밀링]을 누르면 SolidCAM 기능이 활성화된다.

SolidCAM 작업은 위와 같은 5단계의 사전 작업이 필요하다.
각각의 작업은 아래 순서에 따라 진행할 수 있다.

1 신규 밀링 파트 생성

좌측 Feature Manager Tree가 있던 위치에 SolidCAM 신규 밀링 파트 생성에 관련된 옵션창이 나타난다.

특별한 경우가 아니라면 대부분 SolidCAM 개별 파일로 저장하고 [모델 파일 경로 사용]을 체크한다. 또한, 단위계는 [미터] 단위계를 사용한다.

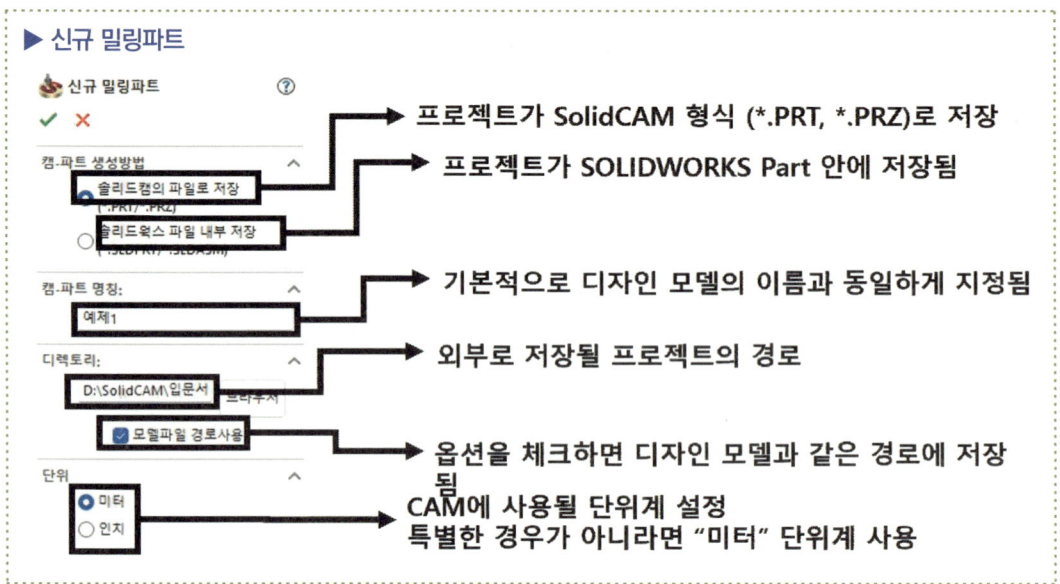

작업이 완료되었다면 체크 버튼[✓]을 눌러서 다음 작업을 실행한다.

2 Controller 설정

CNC 컨트롤러는 CNC선반과 머시닝센터(MCT)를 제어하는 핵심적인 존재라 할 수 있다.
공작기계가 사람의 신체(손,발 등)이라면 CNC 컨트롤러는 두뇌와 같다.
CNC 컨트롤러의 대부분을 화낙, 지멘스, 하이덴하인, 미쓰비시 등의 브랜드를 많이 사용하며 어떤 컨트롤러를 사용하는가에 따라 NC 코드가 차이가 발생한다.
대부분의 교육기관에서는 화낙(FANUC) 계열의 컨트롤러를 많이 사용하며 본 교재도 해당 컨트롤러를 기반으로 작성되었다.

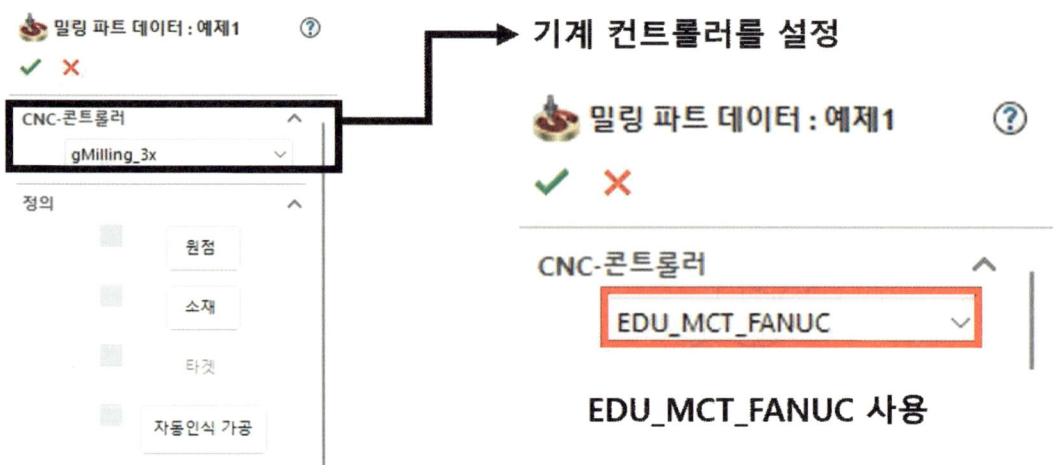

CNC 컨트롤러를 "EDU_MCT_FANUC"으로 설정한다.

3 좌표계 설정

[정의] 항목에서 [원점]을 선택하여 좌표계 원점을 정의할 수 있다.

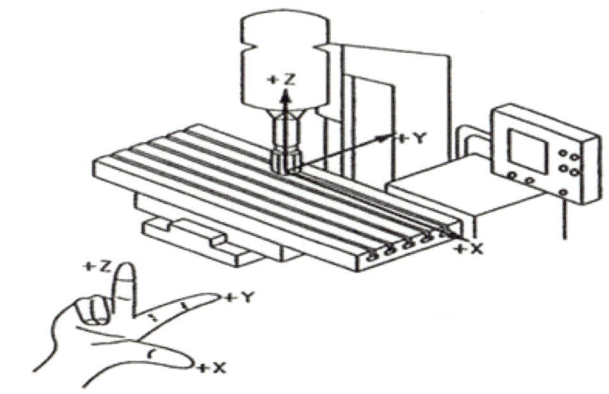

머시닝센터에서는 기본 3축의 좌표를 사용한다. (5축의 경우 2개의 회전축이 추가됨)

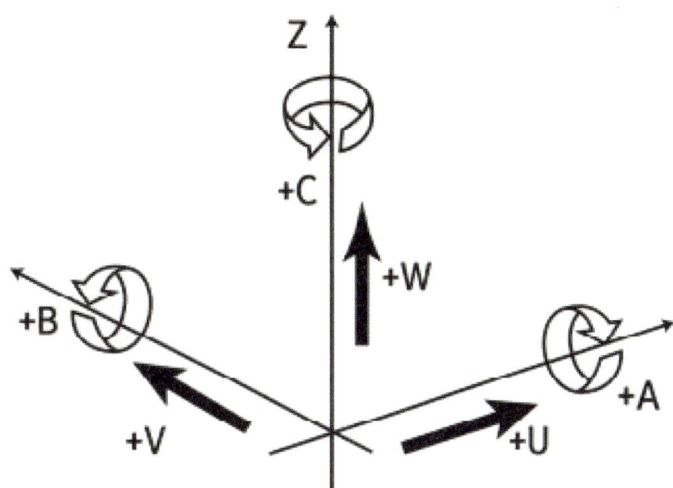

원점에서 [면 선택]을 클릭하고 소재의 가장 상단 면을 클릭한다.

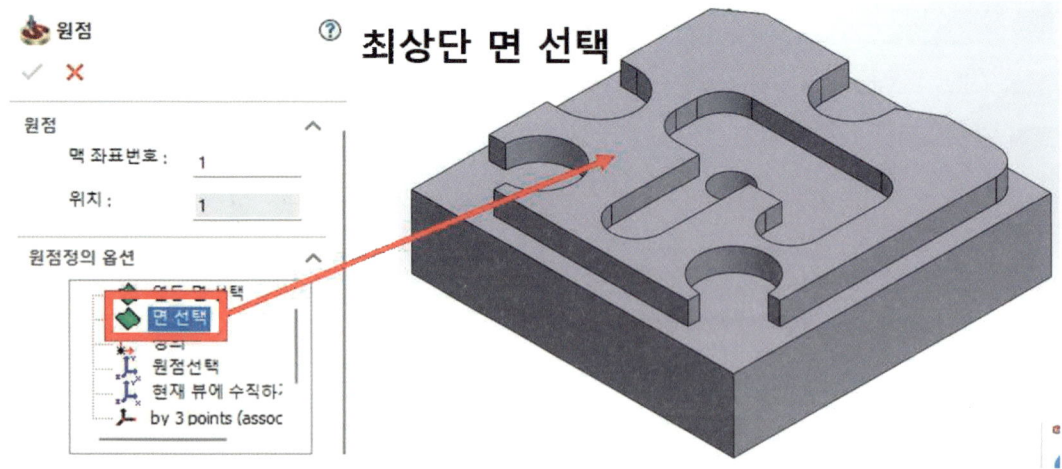

좌표계 원점이 설정된다.

좌표계 원점은 SOLIDWORKS Part의 모델링 원점과는 별개로 CAM 데이터를 작성하기 위한 원점을 의미한다.

NC코드를 예시로 G01 X0.0 Y0.0 Z0.0; 지령을 내리면 좌표계 원점으로 이동한다.

▶ 머시닝센터의 좌표
(가) 기계 고유의 위치나 공구 교환 위치로 이동할 때 사용합니다.
(나) 절대 지령에서만 유효하며, G53을 지령한 블록에서만 유효합니다.
(다) 기계 좌표의 설정은 전원 투입 후 원점 복귀 완료 시에 이루어집니다.
(라) 기계에 고정된 좌표계이고 금지 영역 등의 설정 기준이 되며,
    기계 원점에서 기계 좌푯값은X0, Y0, Z0입니다.
(마) 전원을 끄지 않으면한 번 설정된 기계 좌푯값은 변하지 않습니다.

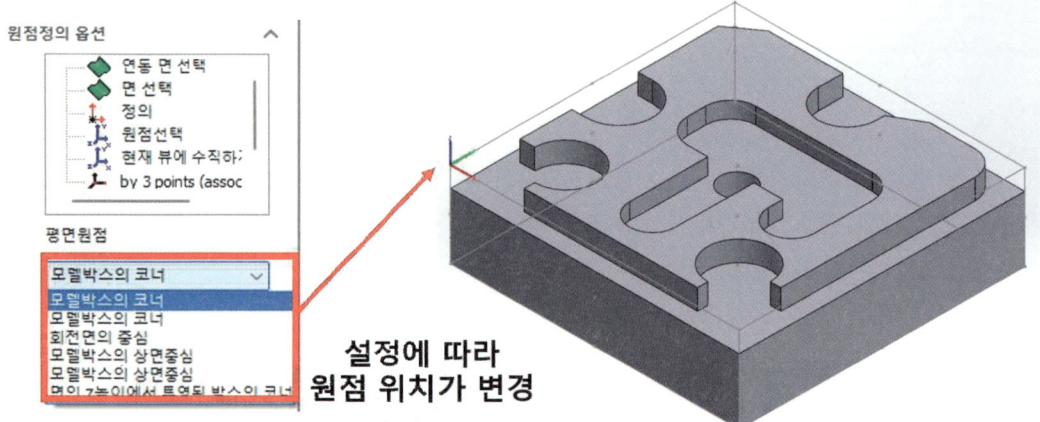

만약 원점 위치를 조정하고 싶다면, 원점의 위치가 결정되는 옵션을 제어하여 다른 위치로 원점을 이동할 필요가 있다. 절삭 가공에 있어 원점의 위치는 매우 중요하며 실제 공작물을 배치할 때 CAM에서의 원점을 고려해서 세팅할 필요가 있다.

적절한 원점 위치를 배치했다면 체크 버튼[✓]을 눌러 다음 작업을 실행한다.

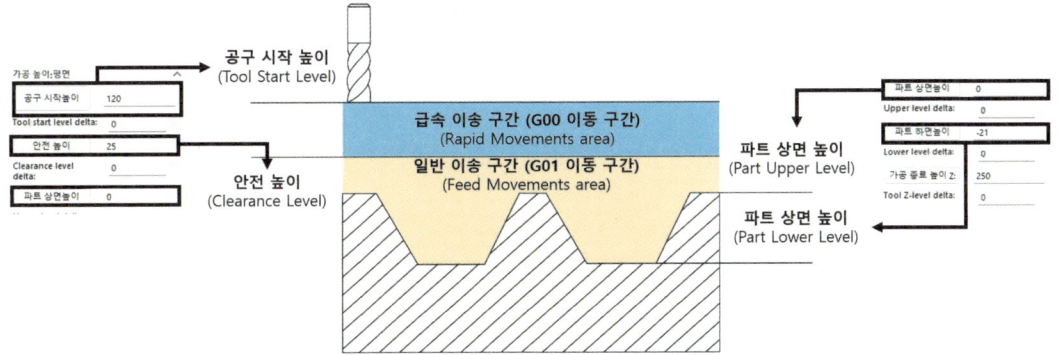

원점 데이터는 특별한 경우가 아니면 기본값 (PP에 설정된 값)을 이용하면 되지만 해당 내용을 이해하고 있을 필요는 있다.

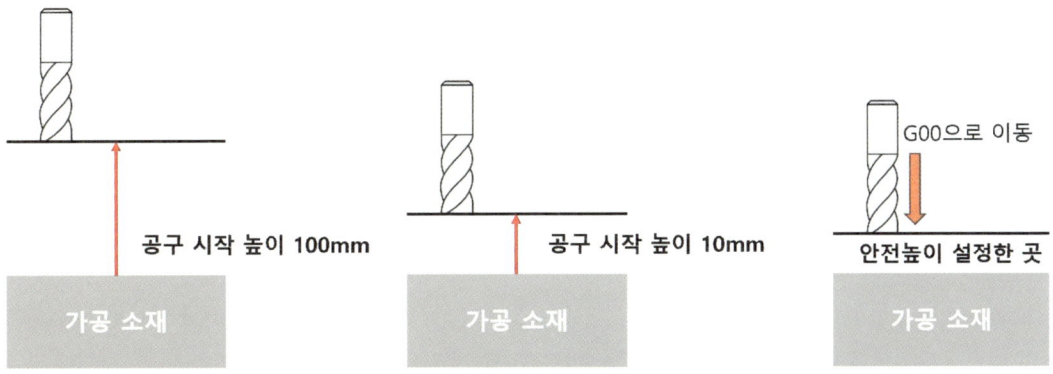

공구 시작 높이를 다르게하면 공구의 이동거리가 차이가 발생하게 된다. 이것은 단순히 비교했을 때는 짧게는 몇 초에서 짧게는 몇 십초 정도의 차이겠지만 가공 시간이 길어 질수록, 공구 교환이 많아질수록 가공 시간은 분 단위 이상의 차이가 발생하게 된다. 또한, 안전높이에 따라 차이가 생길 수 있다.

따라서, 공구 시작 높이, 안전높이 등의 설정은 너무 높이 설정하는 것은 비효율적이다. 다만, 교육과 안전 등의 문제가 발생할 수 있으므로 숙련된 작업자가 조정하거나 시뮬레이션프로그램을 이용하여 충돌 검사와 최적화를 통한 가공 시간을 단축하는 것이 좋다.

작업을 완료했다면 체크 버튼[✓]을 눌러 다음 작업을 실행한다.

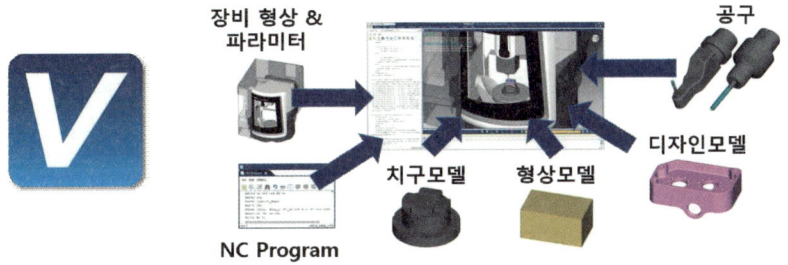

▶ 가공 종료 높이

일부 교육기관에서 사용하는 공작기계에 따라 가공 종료 높이에 따라 Error가 발생할 수 있습니다. 이것은 PP의 수정이 필요한 사항으로 구매처로 연락하시면 신속한 수정을 받을 수 있습니다.

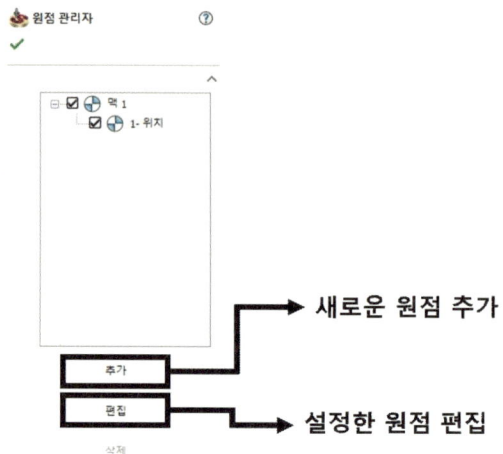

원점을 설정하면 마지막으로 [원점 관리자]가 나타난다.
자격증 시험에서는 2개 이상의 원점을 설정하는 문제를 요구하지 않으므로 특별히 사용할 일은 없다.

▶ 복수의 원점

FANUC 계열의 컨트롤러를 사용한다면 아래와 같은 G코드 계열을 사용합니다.

G54	공작물 좌표계 1	G57	공작물 좌표계 4
G55	공작물 좌표계 2	G58	공작물 좌표계 5
G56	공작물 좌표계 3	G59	공작물 좌표계 6

가공 작업 중 필요 혹은 편의를 위해서 2개 이상의 좌표를 설정해야하는 경우가 있습니다.
이러한 상황에서 G54 이외의 추가 좌표계를 설정할 수 있는 데 SolidCAM에서 원점을 추가하여 다른 좌표 위치를 설정할 수 있습니다.

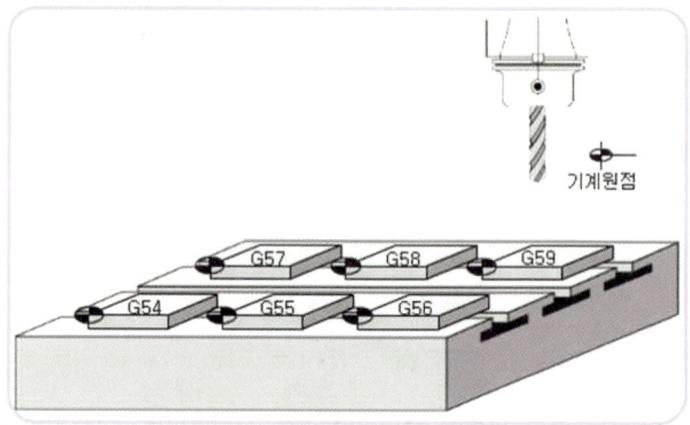

4 소재 설정

CAM 데이터에서 사용할 소재를 설정한다.

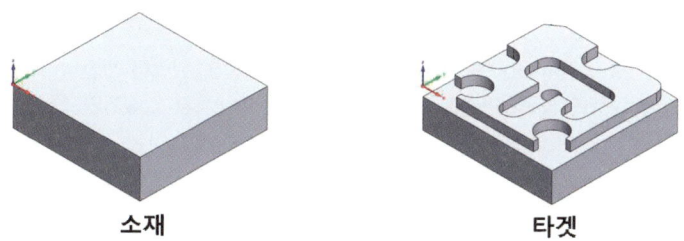

소재는 가공 전 상태 (초기상태), 모델은 가공 후의 모습 (정확히는 CAD 데이터)를 의미한다. 소재는 SOLIDWORKS에서 미리 작성한 것을 선택할 수도 있고 SolidCAM 기능을 활용하여 모델 기반의 소재를 작성할 수 있다.

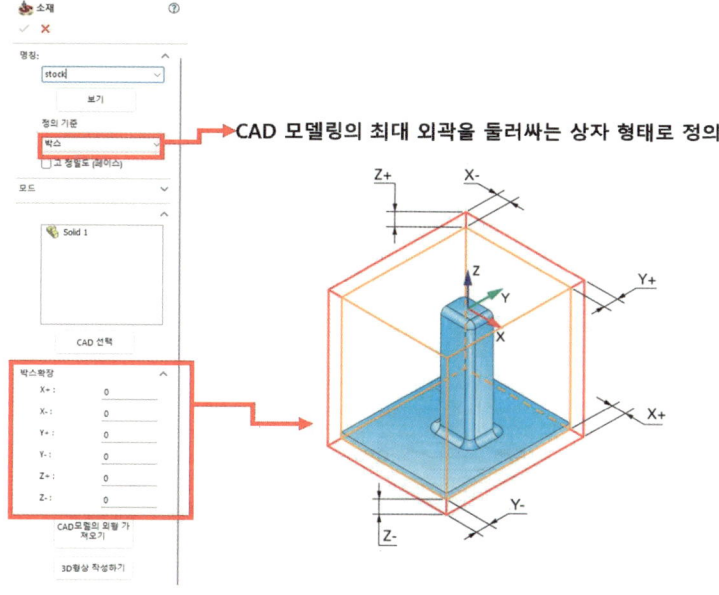

소재 명령이 활성화된 상태에서 모델을 클릭하면 녹색 사각형으로 소재 범위가 표시된다. 왼쪽

박스 확장 기능에서 해당 소재의 크기를 조정할 수 있다.
만약, 가지고 있는 소재 크기가 맞지 않는다면 범위를 맞추길 권장한다.

▶ 소재 크기 설정 주의점

소재 크기를 설정할 때 실제 소재의 크기와 CAM에서 설정한 소재의 크기가 다르면 공구에 과부하가 가해지거나 충돌 등의 문제가 발생할 수 있습니다.

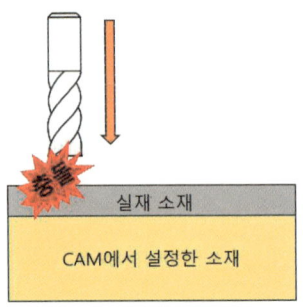

실제 소재보다 SolidCAM 상에서 소재를 작게 설정하면 공구의 충돌 위험이 있습니다.
물론, 소재의 최상단에 원점을 설정하였기에 진입 시의 충돌은 발생하지 않겠지만 하단면에서 공구와 바이스 간의 충돌 혹은 공구 날이 아닌 부분과 공작물의 충돌이 발생할 수 있습니다.

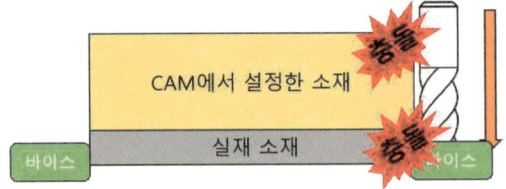

실제 소재보다 SolidCAM 소재를 크게 설정한다면 허공에서 가공이 시작될 수 있습니다.
또한, 허공 가공 이후에 실제 소재의 살에 닿게 되면 순간적으로 공구에 가해지는 부하(Load)로 인해 공구가 부러지는 문제가 발생할 수 있습니다. 또한, 적절한 시작점에서 가공을 시작하지 않았기에 불량품이 가공될 것입니다.
또한, 앞서 언급한 것처럼 원점을 소재 최상단으로 설정했다면 마찬가지로 공구 홀더나 바이스와의 충돌 문제가 발생할 수 있습니다.

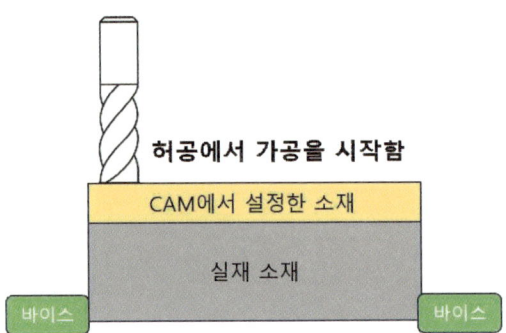

또한, 보유하고 있는 소재가 커서 Face Cutter를 (CAM으로) 사용할 예정이라면 Z+로 소재 높이를 높여서 설정합니다.

5 타겟 설정

마지막으로 타겟을 선택한다.

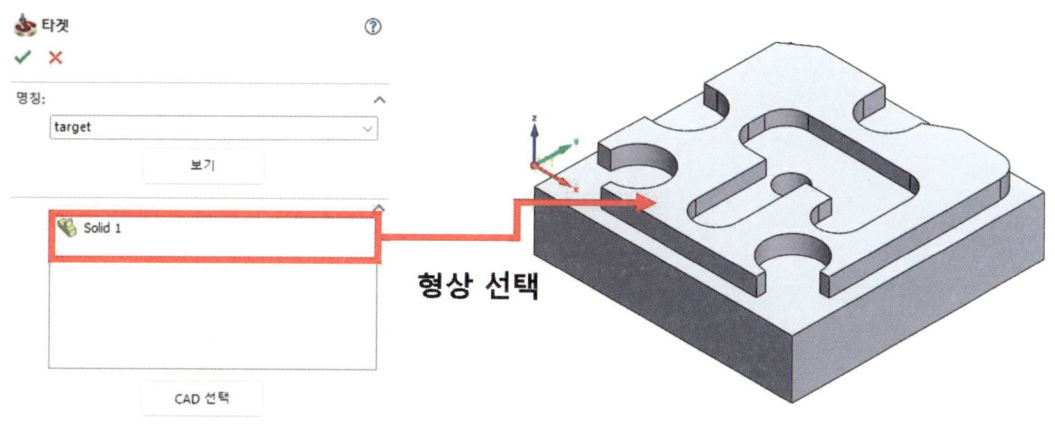

타겟은 가공할 모델을 의미하고 완성품을 지정한다.
타겟을 기반으로 CL Data를 생성한다.

마지막으로 정의가 완료되면 모두 체크[✓] 아이콘이 표기된다.
설정이 모두 정상적으로 이루어졌다면 좌측 상단의 체크[✓]를 클릭한다.

가공 공정 계획

CAM 작업을 하기 위해서는 제품을 어떤 방식으로 가공할지 미리 계획을 세우는 것이 좋다. 물론, 설계자가 사전에 표면의 가공 마무리에 대한 지시가 있다면 고려 대상에 포함해야 한다.

기호	=	⊥	X	M	C	R
설명도						
의미	가공 줄무늬 방향이 기호를 기입한 그림의 투상면에 평행	가공 줄무늬 방향이 기호를 기입한 그림의 투상면에 직각	가공으로 생긴 선이 2방향 교차	가공으로 생긴 선이 다방면으로 교차 또는 방향이 없음	가공으로 생긴 선이 거의 동심원	가공으로 생긴 선이 거의 방사선

이러한 표면 마무리를 요구하는 것은 제품의 생산성이나 기능에 영향을 주기도 하므로 무시할 수 없는 요소이다.

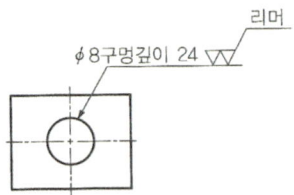

설계자가 도면을 통해 특정 가공을 요구하거나 특정한 표면 조도를 요구할 수 있으므로 CAM 작업자는 도면의 요구에 맞추어 가공 공정을 계획해야한다.

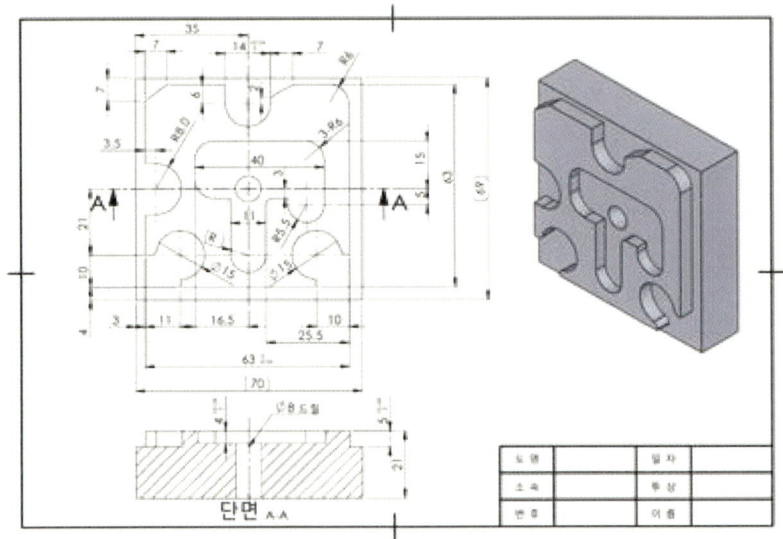

이번 예제에서는 표면 거칠기나 드릴 이외의 가공법을 요구하지는 않았다.

Face Cutter로 소재 준비

우선 가공을 위해서 "소재"를 준비한다.
도면에서 요구하는 크기를 가진 소재를 Face Cutter를 이용하여 가공한다.

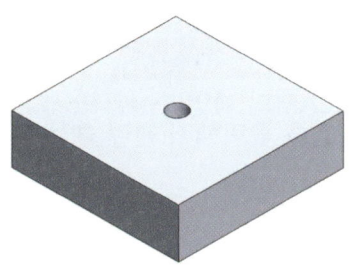 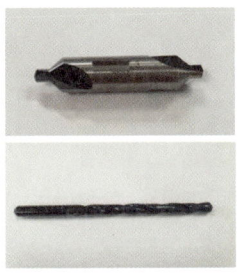

센터 드릴 & 드릴로 구멍(Hole) 가공

다음으로 드릴 가공을 실시한다.
원활한 Drilling을 위해 Center Drill을 이용하여 기초 구멍을 작업한 후 드릴 가공한다.

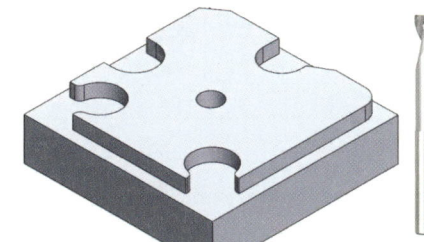 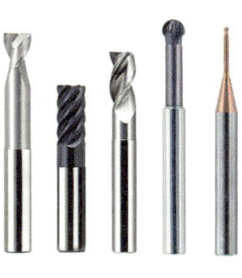 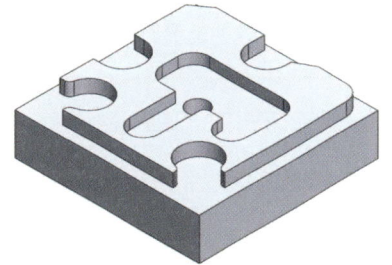

엔드밀을 이용하여 형상 가공

마지막으로 End Mill을 이용하여 형상을 가공한다.
이번 예제의 경우, 형상에 곡면이나 측벽에 경사가 없기에 2차원 가공을 이용하는 것이 적합하다.

> ▶ 가공 순서에 대해
> 교재에 있는 가공 순서와 다른 순서로 가공해도 무관합니다. 다만, 가공 순서에 따라 표면 조도에 차이가 발생하는 경우, 적합한 가공 순서인지 고려할 필요가 있습니다.

3 | SolidCAM - ToolKit 설정

앞서 CAM 기초 설정이 완료되면 SolidCAM의 설정창이 나타난다.

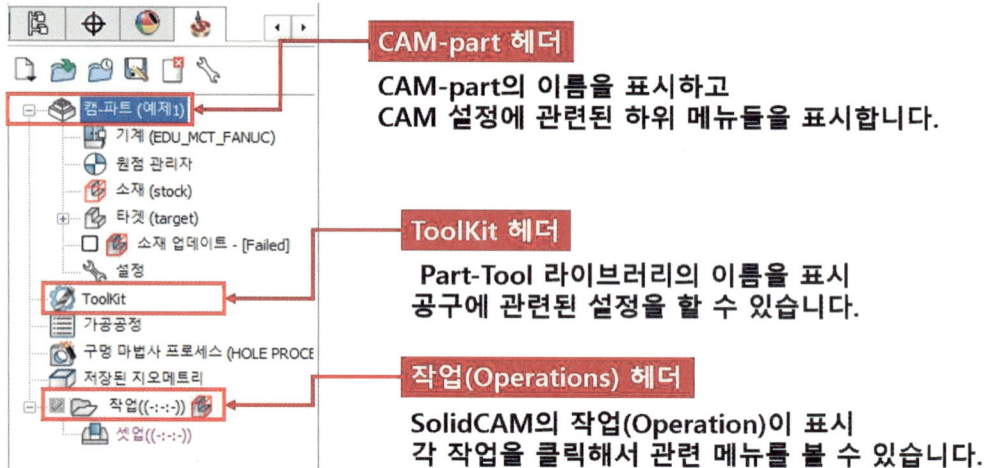

다음으로 사용할 공구(Tool)을 설정하여 차후 작업(Operations)에서 적합한 공구를 설정하기 용이하다.

컴퓨터응용밀링기능사의 경우, 아래 재료가 지급되므로 참고하자.

일련번호	재료명	규격	단위	수량	비고
1	연강 (SM20C)	75*75* t25	개	1	1인당
2	공구	정면밀링커터팁	개	6	10명 초과시 10인당 (CNC가공)
3	공구	평엔드밀 Ø10	개	1	2인당 4날
4	공구	센터드릴 Ø3	개	1	5인당
5	공구	드릴 Ø8	개	1	5인당
6	공구	정면밀링커터팁	개	6	10명 초과시 10인당(범용가공)
7	절삭유	수용성 그린 절삭유 2종 1호 (원액 20L)	통	1	
8	USB메모리	16GB 이상	개	2	4인당

다음으로 사용할 공구(Tool)을 설정하여 차후 작업(Operations)에서 적합한 공구를 설정하기 용이하다. [ToolKit 헤더]를 더블 클릭하여 ToolKit창을 불러온다.

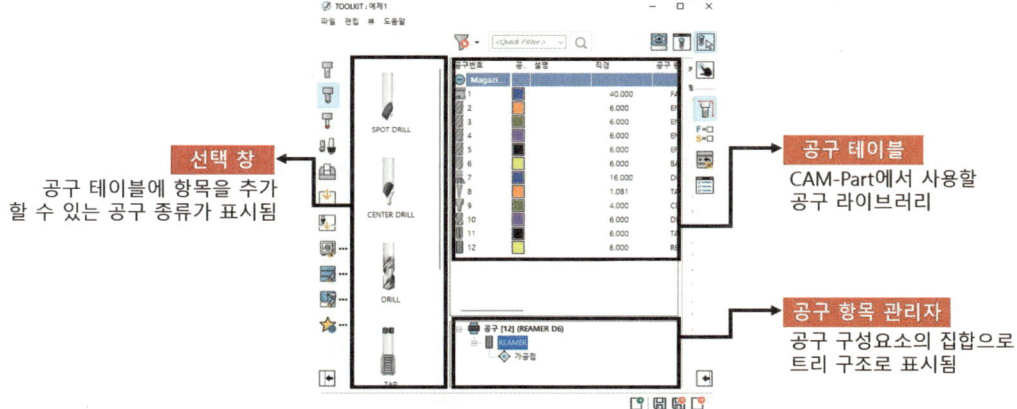

SolidCAM에서는 공구를 [선택창]에서 [공구 테이블] 공간으로 이동하여 공구를 설정할 수 있다. 공구는 불러온 순서대로 번호가 적용되므로 지급되는 공구와 MCT에서 사용될 공구 번호를 확인하여 지정한다.

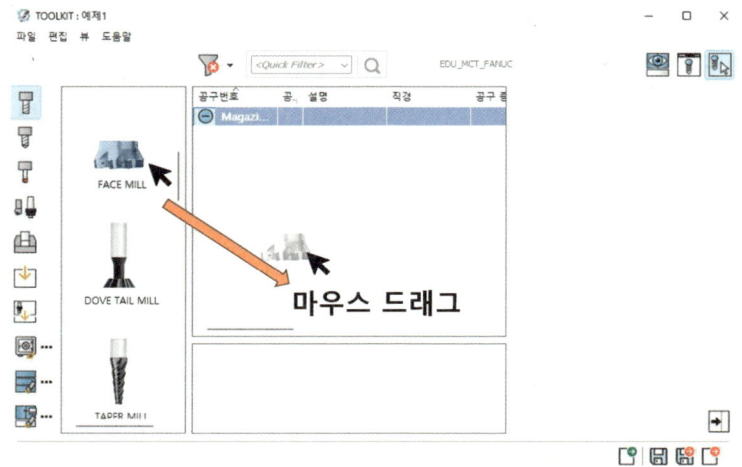

마우스 드래그를 이용하여 [Face MILL]을 공구 테이블 영역으로 이동한다.

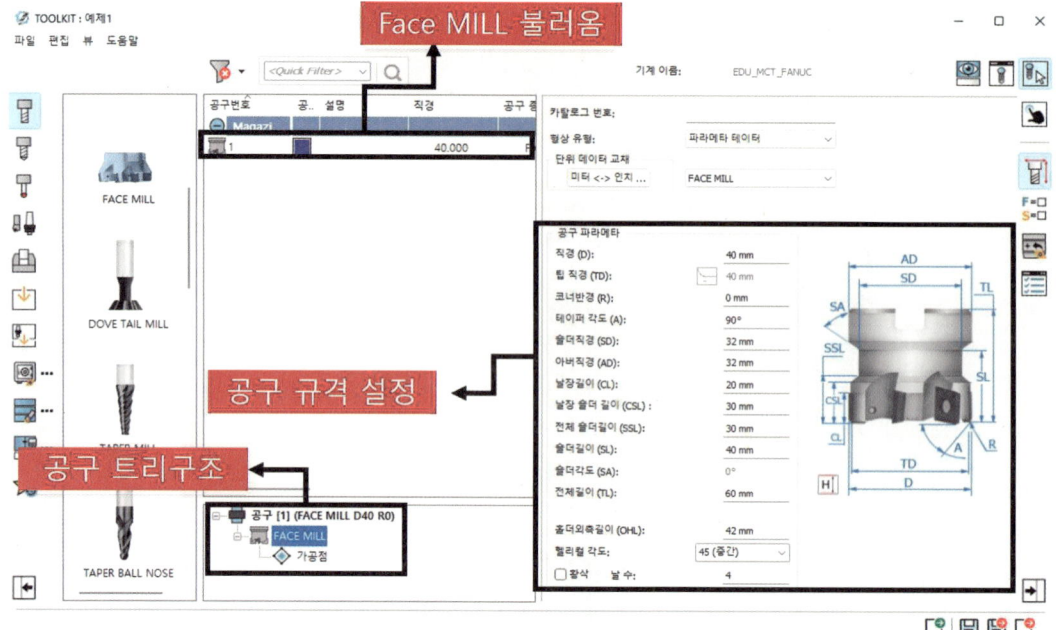

Face Mill 공구가 1번 공구로 생성되었으며 공구 파라미터 (사이즈 및 규격)을 설정할 수 있다.

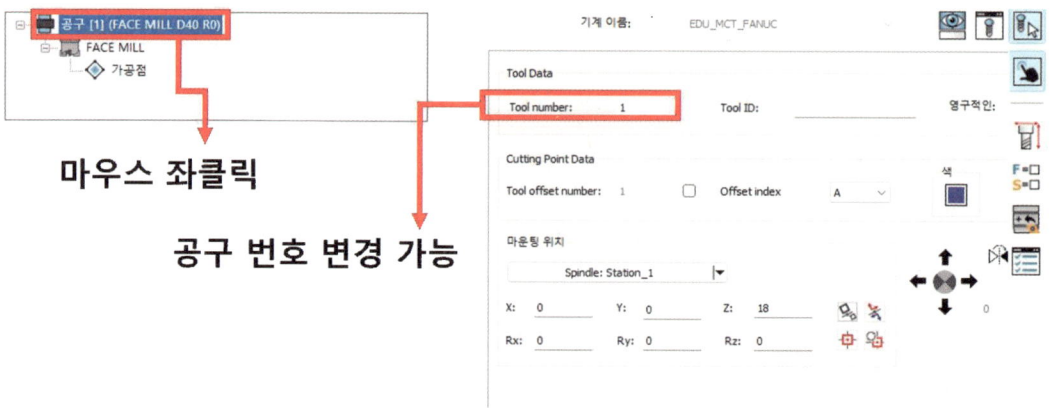

공구 트리구조에서 가장 상위 트리를 선택하고 [Tool number]를 적절하게 변경한다.
공구 번호는 MCT 기계에 장착된 공구 번호를 사용한다.
(G코드 출력 시 Tool number에 입력한 번호를 기준으로 생성됨)

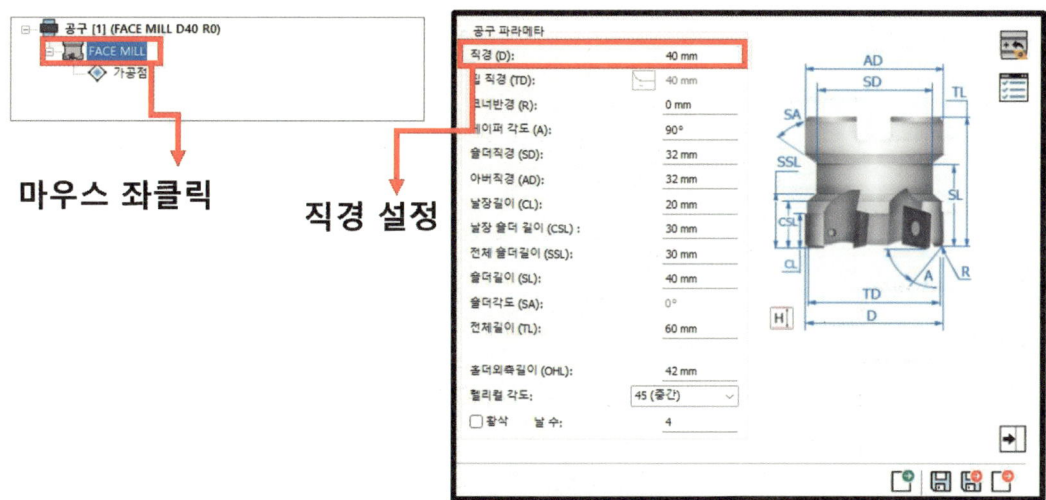

트리 구조에서 [FACE MILL] 항목을 선택하여 공구 파라미터를 설정한다. 교육기관에서 보유하고 있는 공구 직경을 기입한다.
(컴퓨터응용밀링기능사에서 Face Mill의 규격은 명시되어 있지 않음)

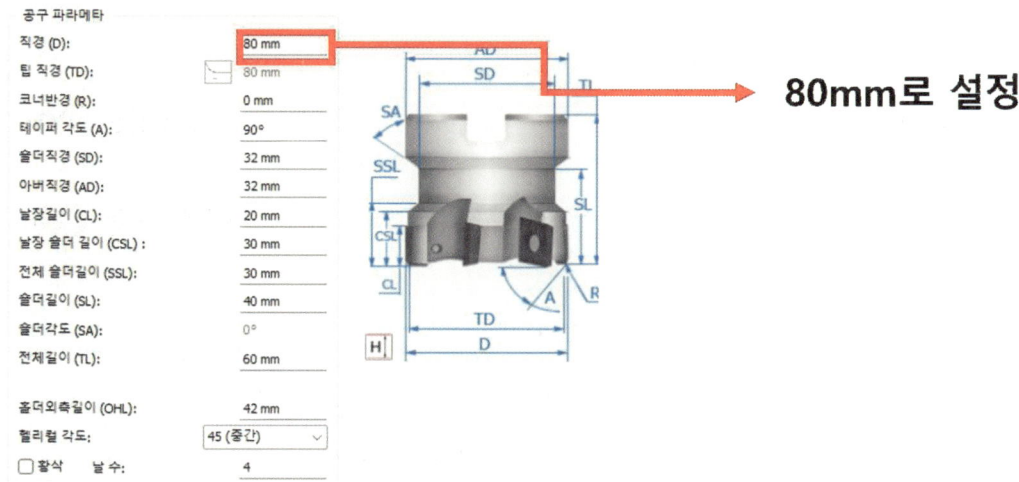

일반적으로 많이 사용하는 80mm 규격으로 설정한다.

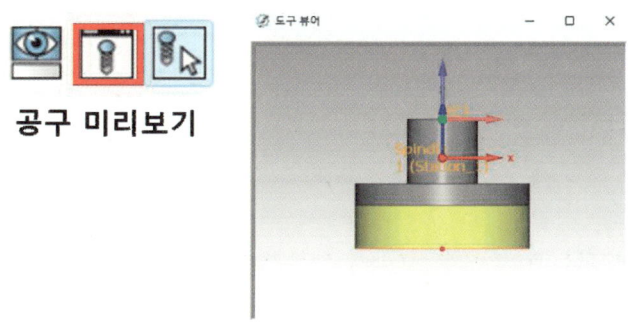

도구 뷰어를 통해서 공구 형상을 미리 확인할 수 있다.

▶ ToolKit 기능

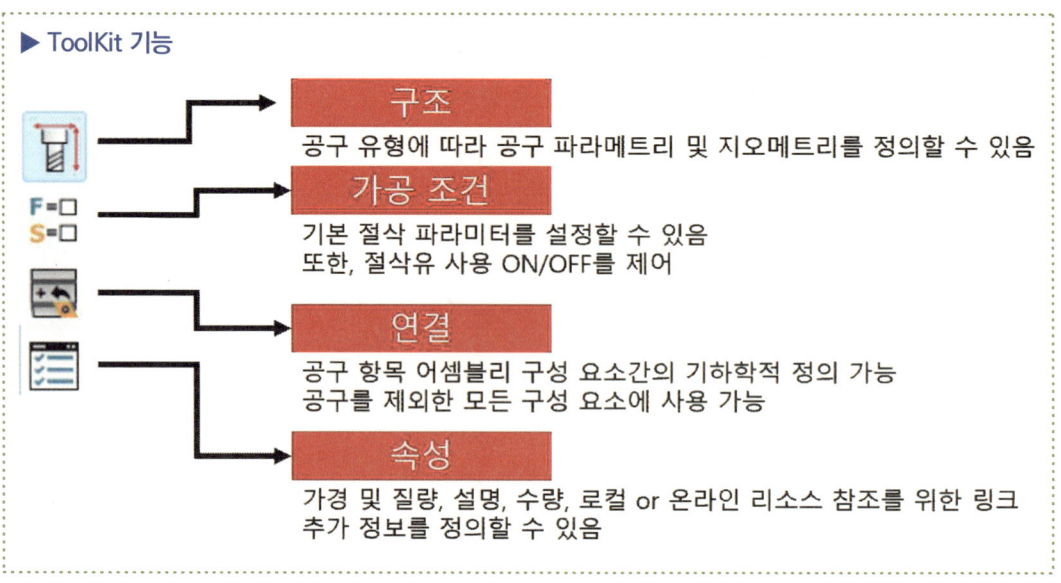

Feed 100　　　　　　　　　　　　　　　　Spindle 800

　　　　　　　　　　　　　　　　　　　　회전방향 CW

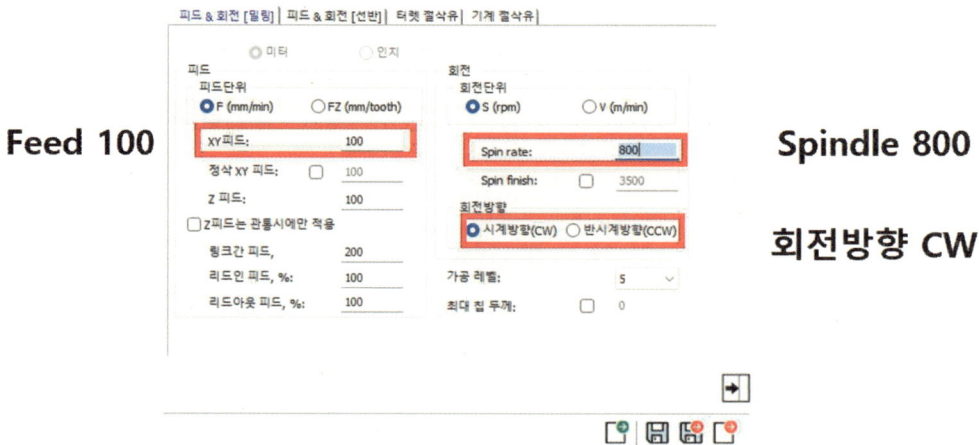

"피드&회전 [밀링]" 탭에서 XY Feed와 정삭 XY Feed를 설정한다.

▶ 피드&회전 [밀링]

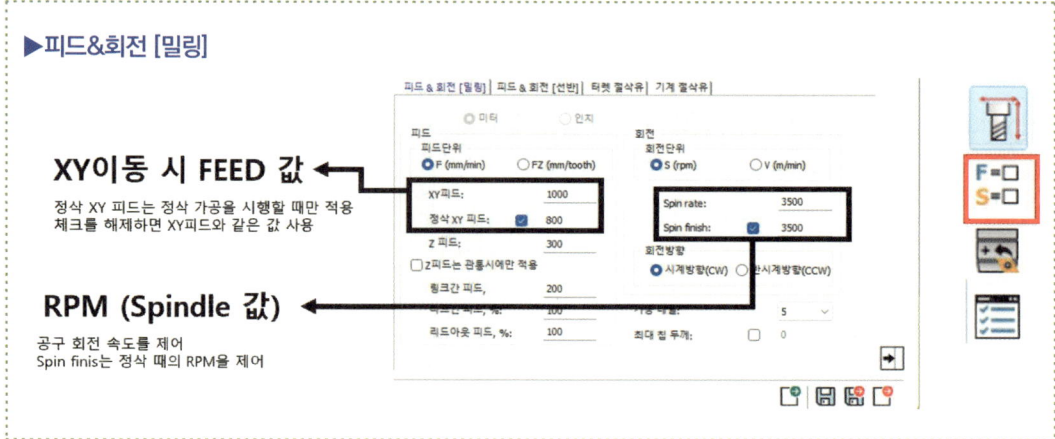

XY이동 시 FEED 값
정삭 XY 피드는 정삭 가공을 시행할 때만 적용
체크를 해제하면 XY피드와 같은 값 사용

RPM (Spindle 값)
공구 회전 속도를 제어
Spin finis는 정삭 때의 RPM을 제어

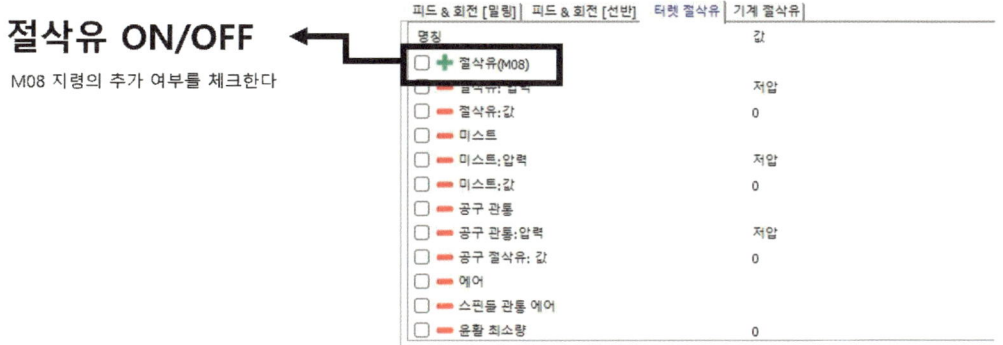

절삭유 ON/OFF
M08 지령의 추가 여부를 체크한다

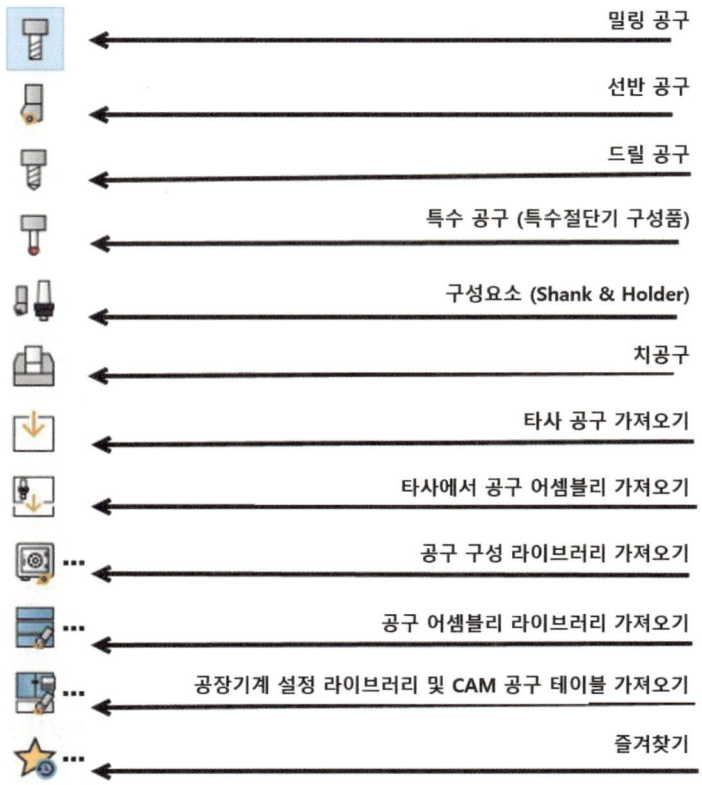

- 밀링 공구
- 선반 공구
- 드릴 공구
- 특수 공구 (특수절단기 구성품)
- 구성요소 (Shank & Holder)
- 치공구
- 타사 공구 가져오기
- 타사에서 공구 어셈블리 가져오기
- 공구 구성 라이브러리 가져오기
- 공구 어셈블리 라이브러리 가져오기
- 공장기계 설정 라이브러리 및 CAM 공구 테이블 가져오기
- 즐겨찾기

Tool Kit 좌측에서 밀링 공구 이외의 공구들을 불러올 수 있다.

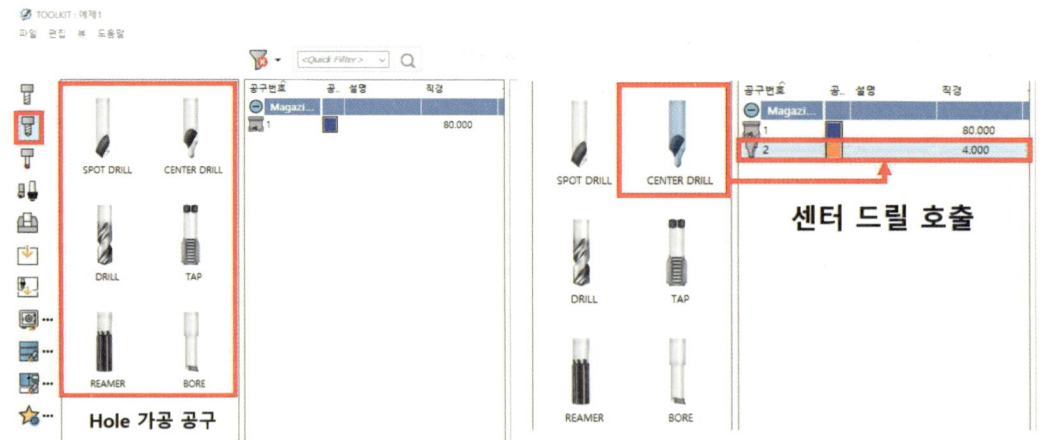

Tool Kit 좌측에서 밀링 공구 이외의 공구들을 불러올 수 있다.
센터 드릴을 마우스 드래그&드롭으로 호출한다.

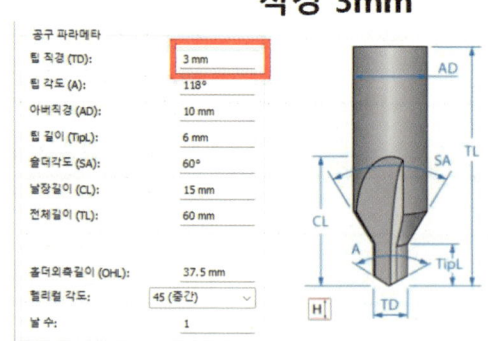

드릴 직경을 3mm로 설정한다.

Feed와 Spindle 값을 설정한다.

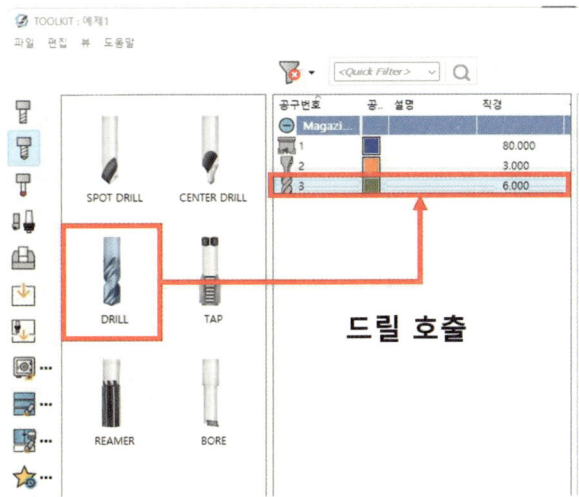

드릴 공구를 호출한다.

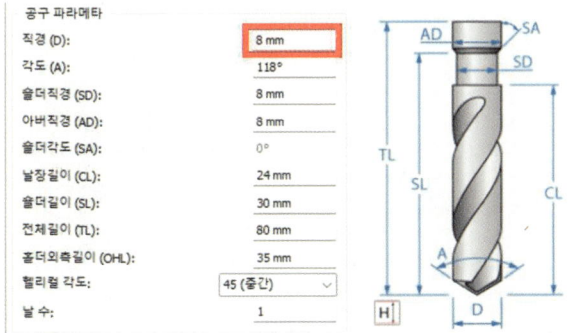

직경 8mm로 설정한다.

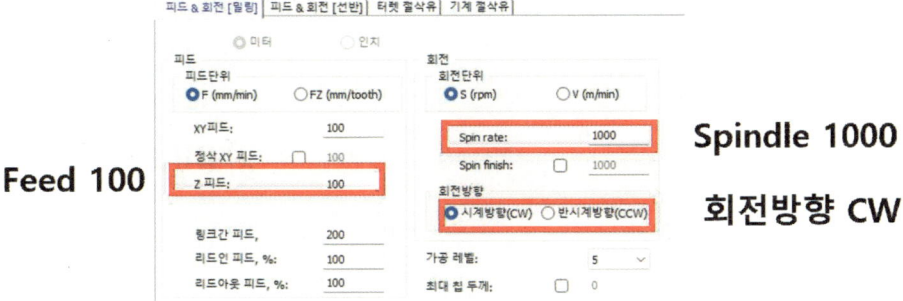

드릴 공구의 Feed와 Spindle을 설정한다.

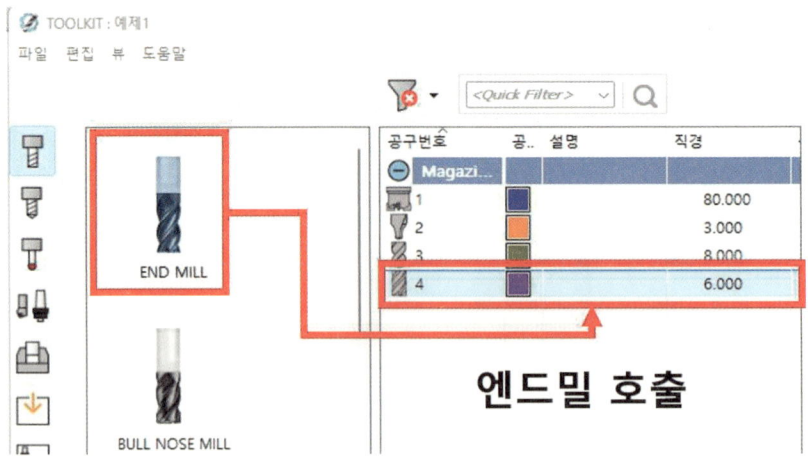

평 엔드밀(Flat Endmill)을 호출한다

직경 10mm로 엔드밀을 설정한다.

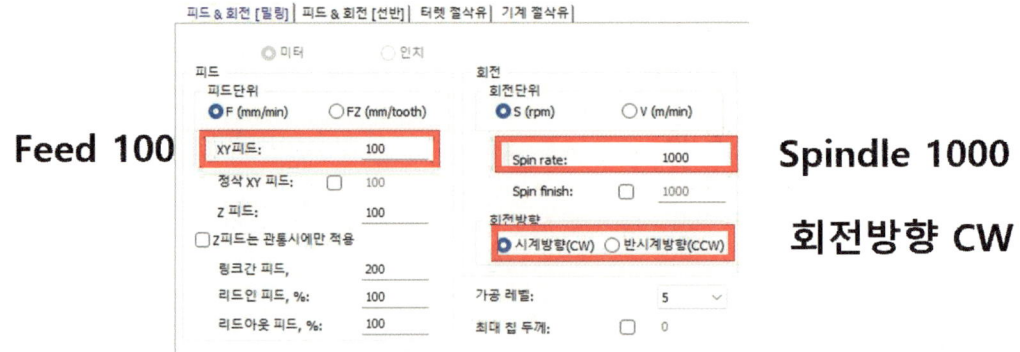

평 엔드밀의 Feed와 Spindle을 설정한다.

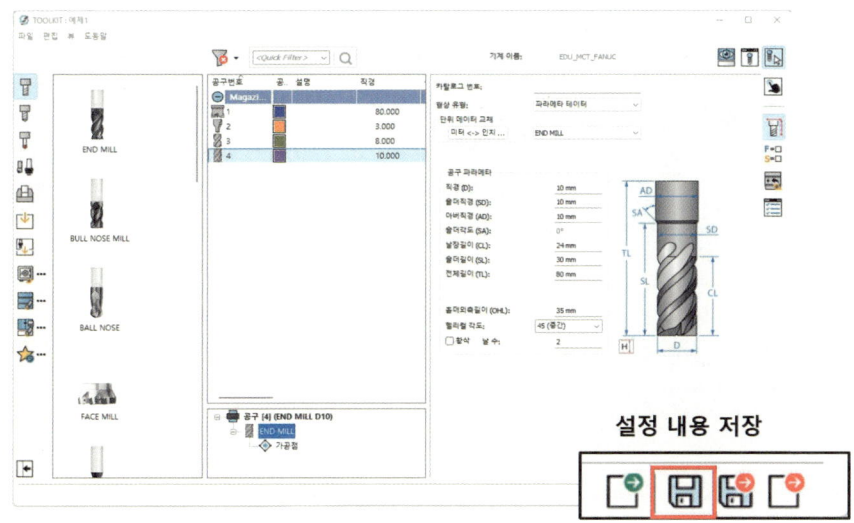

설정한 내용을 저장하여 공구 설정을 마무리한다.

Tool No.	작업 내용	Tool Name	Dia (mm)	RPM	Feed (mm/min)
1	페이스 가공	FaceMill	80	800	100
2	홀 센터 위치설정	Center Drill	3	1,200	120
3	홀 가공	Drill	8	1,000	100
4	윤곽, 포켓가공	Endmill	10	1,000	100

위 표를 참고하여 공구 설정이 문제가 없는지 점검한다.

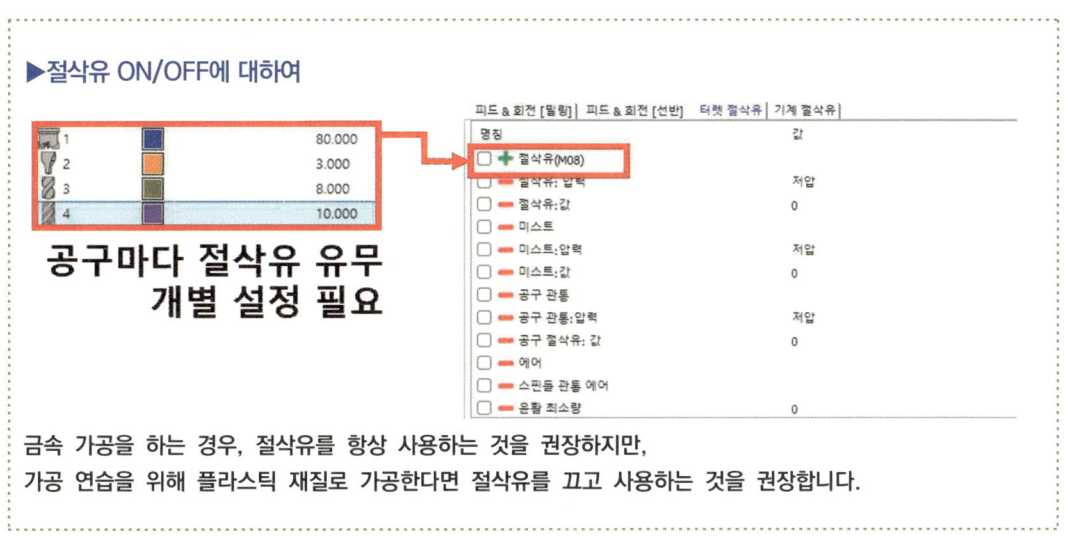

금속 가공을 하는 경우, 절삭유를 항상 사용하는 것을 권장하지만,
가공 연습을 위해 플라스틱 재질로 가공한다면 절삭유를 끄고 사용하는 것을 권장합니다.

4 | SolidCAM 작업 (Operation)

공구를 설정했다면 SolidCAM의 작업 (Opearation)을 설정한다.
수기 가공에서는 G-코드 프로그래머가 공구의 움직임을 생각하여 명령을 입력하지만 CAM 작업 시에는 컴퓨터가 작업자의 의도를 이해할 수 있도록 지령을 내려 G-코드를 생성한다.
따라서, CAM 작업자는 적절한 작업을 지시해야 한다.

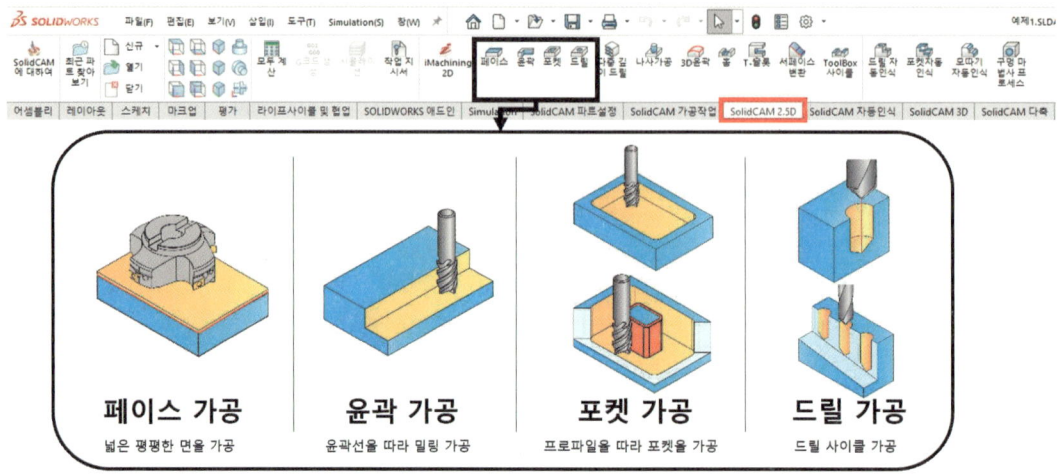

컴퓨터응용밀링기능사에서는 위 4가지 작업을 활용하여 가공을 진행한다.
작업을 지시할 때는 각 가공에 적합한 설정값과 공구를 선정하는 것이 중요하다.

적절한 작업(Operation) 지시와 적절한 공구 선택이 필요

▶2.5D와 3D 가공

SolidCAM의 작업(Operation) 중 2.5D 가공과 3D 가공이라는 용어가 등장합니다.
이는 Dimension (차원)의 약자로 2.5차원, 3차원 가공을 의미합니다.
CAM에서는 직교좌표계 (X,Y,Z축)로 이루어진 3차원 공간에서 모델링을 기반으로 CL Data가 생성된다. 따라서, 2.5차원이란, 정확히는 존재하지 않지만 "간단한 입체적 표현을 가공하는 것"을 정의합니다. XY축은 보다 자유롭게 움직이는 가공을 하지만, Z축은 상대적으로 간단한 움직임 (상하 움직임)의 가공을 일반적으로 2.5D 가공으로 의미합니다.

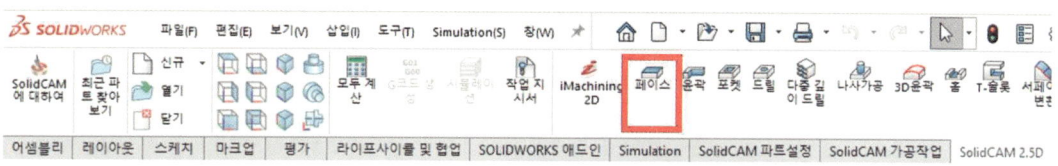

페이스 가공 클릭

1. "페이스"를 클릭하여 작업을 시작한다.
   (페이스 작업은 재료 크기가 일정하게 된 상태라면 설정하지 생략 가능하다.)

2. "페이스 밀링작업" 창이 나타난다.

소재 기반 바운더리
설정한 소재(Stock)이 가공 범위로 설정

Part 기반 바운더리
Part 기반 바운더리는 가공 범위를 정의하는 일반적인 방법
적절한 좌표계를 선택하고 작업에 대한 가공 영역을 설정한다.

3. 소재 기반 바운더리나 Part 기반 바운더리를 선택한다.

4. Part 기반 바운더리를 선택하고 편집을 누르면 가공 범위를 지정할 수 있다.

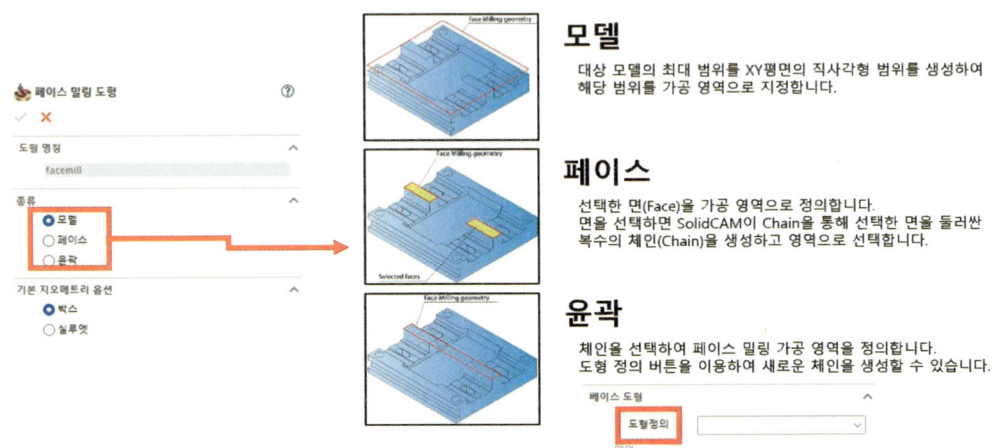

5. "종류"에서 어떤 방식으로 가공 범위를 지정할지 선택할 수 있다.
   복잡한 형상이거나 정밀한 가공 등을 위해 복수의 가공 범위를 지정하는 경우도 있으나 밀링 기능사에서는 모델로 설정하는 것을 권장한다.

6. 모델과 박스를 선택한다.

7. 도형 정의를 선택한다.

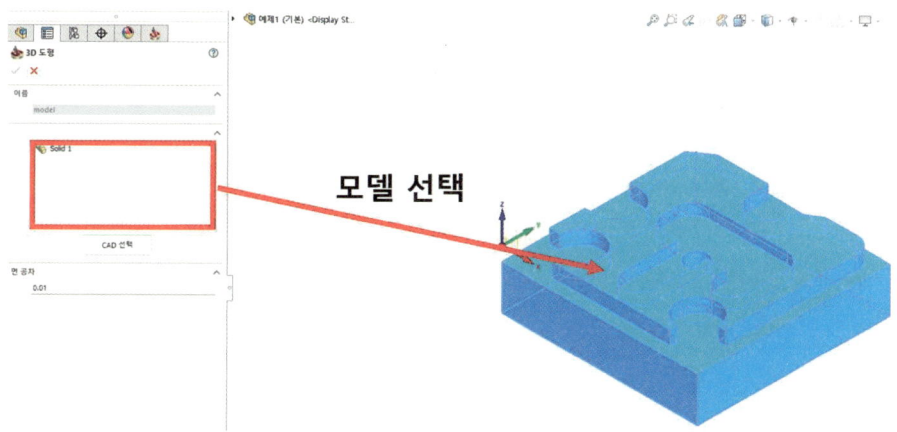

8. 모델을 선택하고 체크[✓]버튼을 클릭한다.

9. 모델에 바운더리 (가공 범위)가 표시되면 체크[✓]버튼을 클릭한다.

10. 공구 항목에서 [선택]을 눌러서 어떤 공구를 사용할지 선택한다.

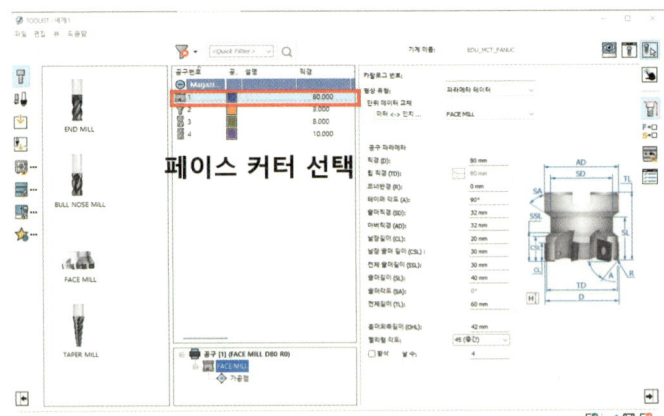

11. 페이스 커터 (1번 공구)를 선택한다.

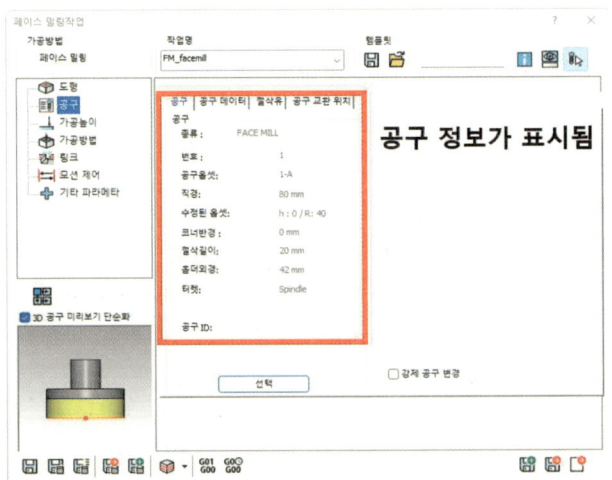

12. 공구가 선택되면 공구 정보가 나타난다.

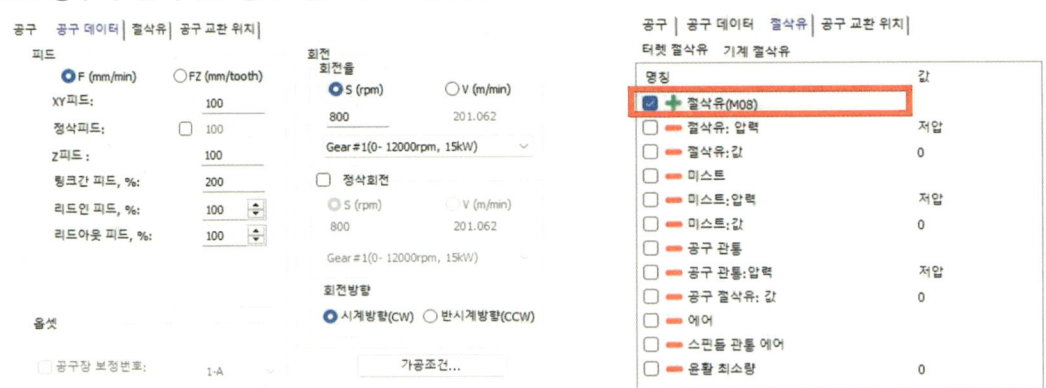

ToolKit에서 설정한 정보가 나타남   절삭유 사용 유무를 다시 체크한다

13. 공구 데이터에서 ToolKit에서 설정한 가공 조건이 표기되며 [절삭유] 항목에서 절삭유 사용 여부를 다시 확인할 수 있다.

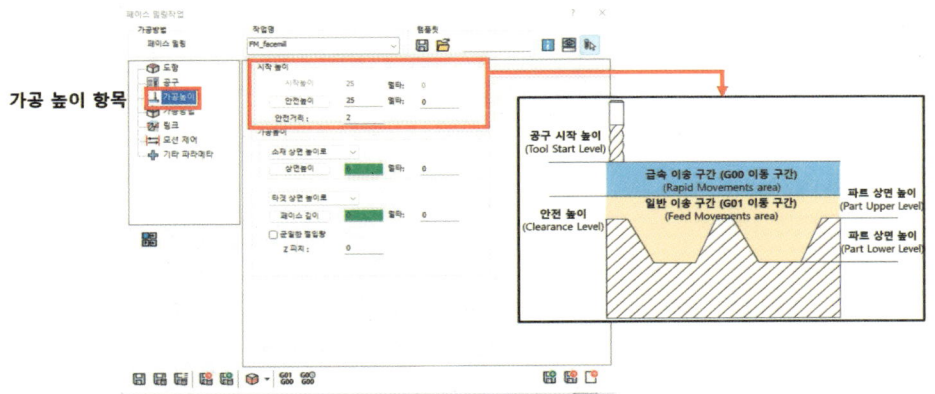

14. 가공 높이 항목을 설정한다.
    [시작 높이] 항목은 초기에 설정한 항목과 일치하므로 특별한 경우가 아니라면 수정하지 않는다.

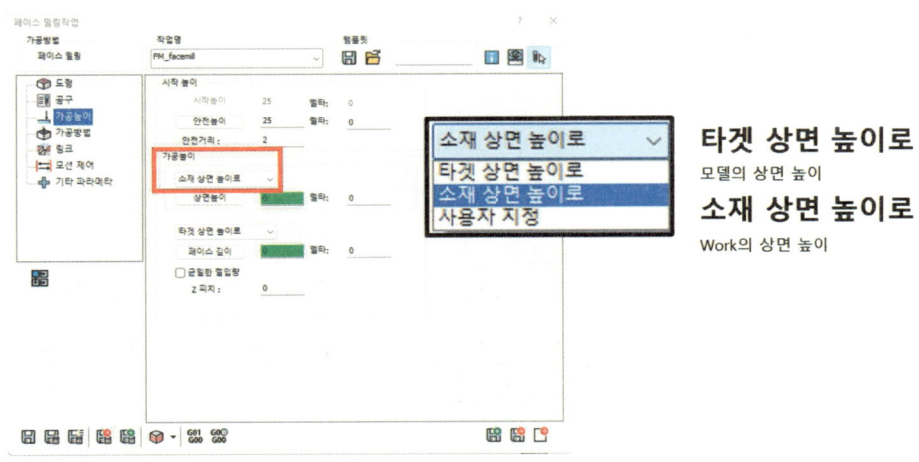

15. 가공 높이를 설정한다.
    우선, 타겟 혹은 소재의 상면 높이를 설정한다.
    Face Mill 가공에서는 소재 상면 높이를 사용하는 것이 유리하다.
    (물론 작업물의 상황이나, 원점의 위치 등에 따라서 다른 옵션을 사용해야 할 수도 있다.)

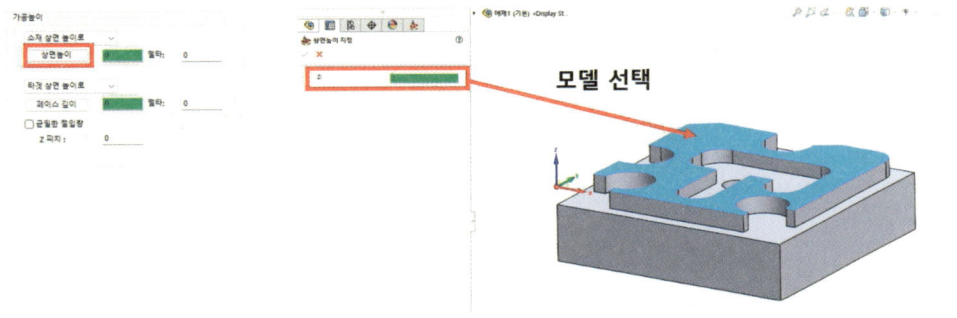

16. 상면 높이 버튼을 눌러서 모델을 선택해서 상면 높이 값을 지정할 수 있다.

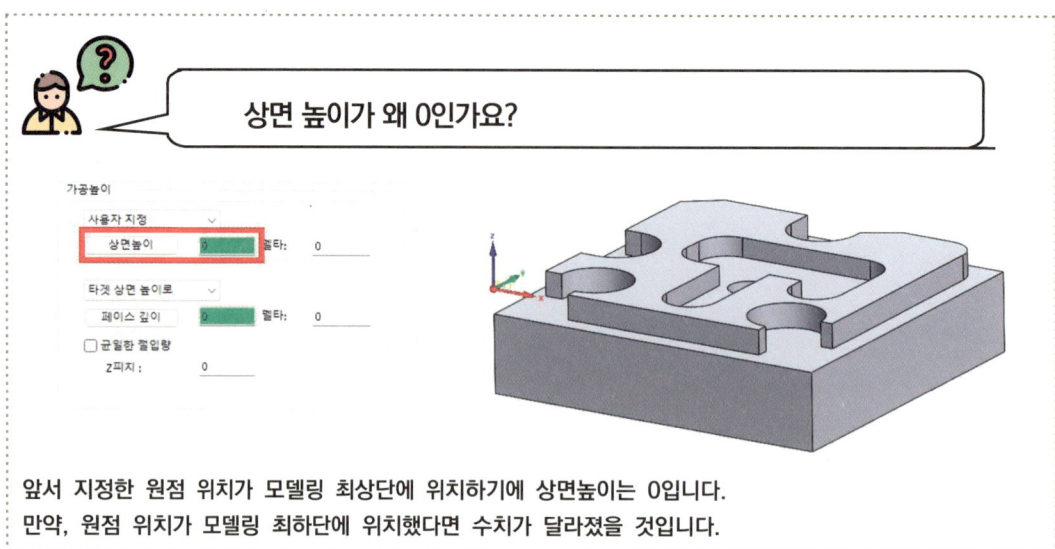

앞서 지정한 원점 위치가 모델링 최상단에 위치하기에 상면높이는 0입니다.
만약, 원점 위치가 모델링 최하단에 위치했다면 수치가 달라졌을 것입니다.

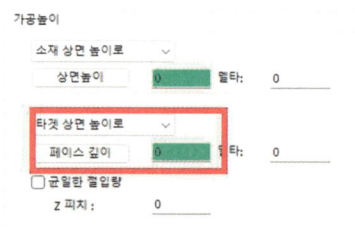

페이스 깊이

가공할 표면(Surface)를 나타냄
가공하지 않는 Z-Level을 정의
"타겟 상면 높이로"를 선택하면 깊이를 선택할 필요가 없음

17. 페이스 깊이를 설정한다. 가공될 최하단면을 지정하는 기능으로 "타겟 상면 높이로"
    옵션을 설정하면 별도로 깊이 설정이 불필요하다.

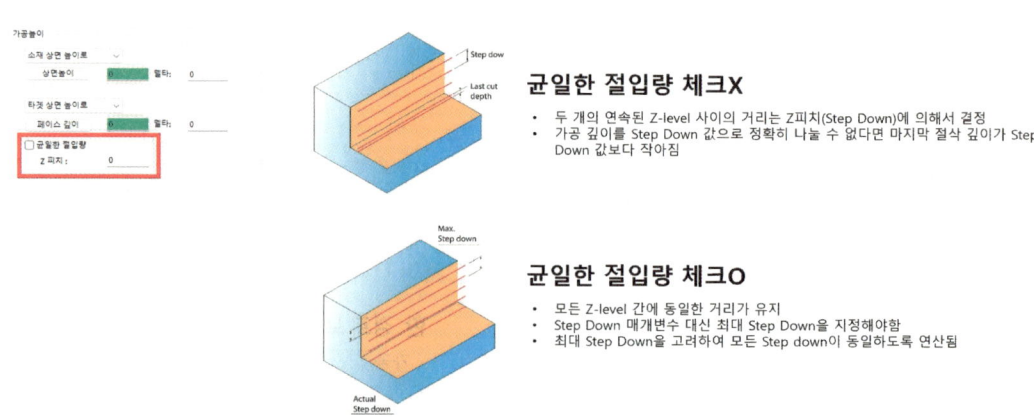

균일한 절입량 체크 X
- 두 개의 연속된 Z-level 사이의 거리는 Z피치(Step Down)에 의해서 결정
- 가공 깊이를 Step Down 값으로 정확히 나눌 수 없다면 마지막 절삭 깊이가 Step Down 값보다 작아짐

균일한 절입량 체크 O
- 모든 Z-level 간에 동일한 거리가 유지
- Step Down 매개변수 대신 최대 Step Down을 지정해야함
- 최대 Step Down을 고려하여 모든 Step down이 동일하도록 연산됨

18. 균일한 절입량 체크 여부를 선택하고 Z피치를 설정한다.
    단, 이번 예제의 경우, Z높이에서 단 한번의 가공만을 진행하므로 비워두어도 무방하다.
    소재의 높이가 1~2mm 이상이라면 별도로 지정할 필요가 있다.

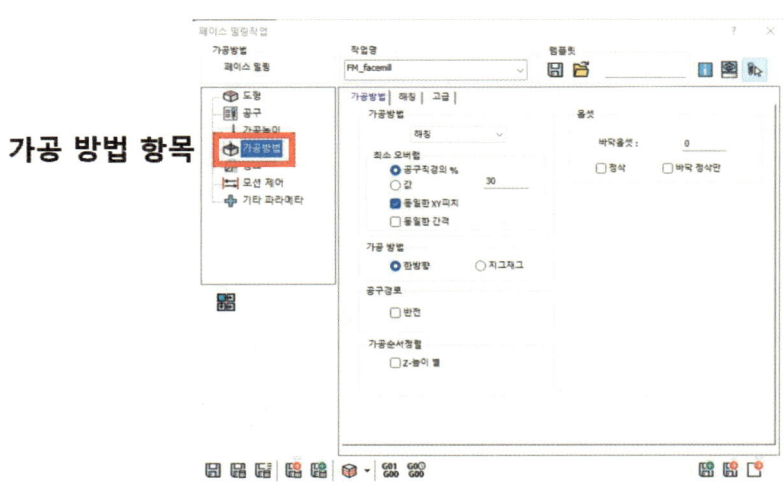

19. 가공 방법 항목으로 진입한다.

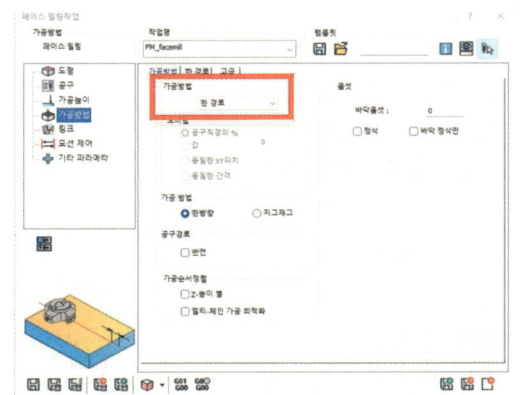

해칭　　　윤곽　　　한 경로　　　나선형

20. CL Data가 생성될 방법을 4가지 방법 중 선택한다.
    밀링기능사에서는 별도로 정삭 작업을 하지 않으므로 어떤 가공 방법을 선택하는가에 따라 표면에 남는 공구가 지나간 흔적이 다르게 남는다.
    다만, 밀링기능사에서 표면 조도나 공구 자국은 크게 중요한 부분이 아니며 이번 가공에서는 단 1회만 가공이 진행되므로 어떠한 가공 방법을 사용해도 무방하며 가공 시간에만 차이가 발생한다.

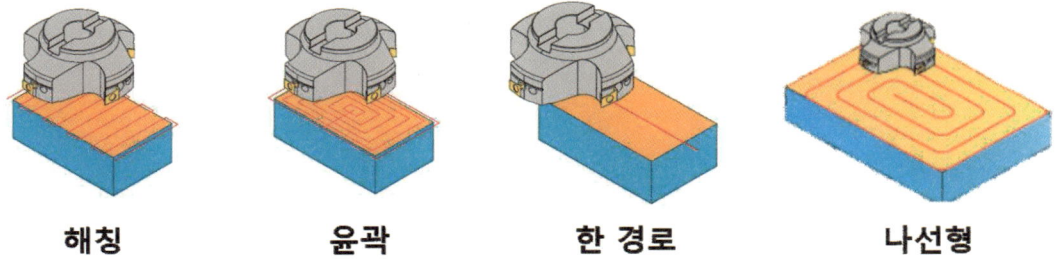

한 경로로 설정
가공 시간을 고려하여 "한 경로" 사용

21. 가공 시간을 고려하여 "한 경로"로 설정한다.

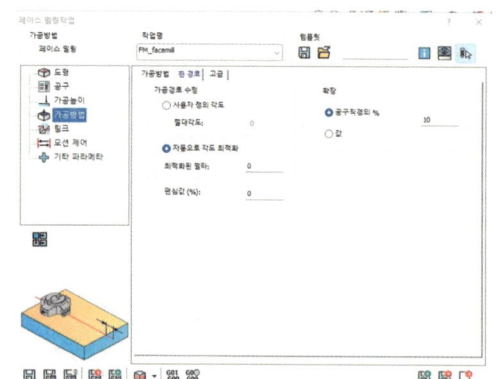

사용자 정의 각도
Tool Path의 각도를 결정함
"절도각도" 항목에 각도 값을 입력함

자동으로 각도 최적화
SolidCAM이 가공 속도를 높이기 위해 최적의 해칭 각도를 계산
Tool Path는 가동된 표면이 어떤 각도를 향하고 있든 항상 면 길이를 따름

편심값 (%)
생성된 Tool Path를 파트의 중심에서 지정된 거리만큼 이동 시킴

확장
면 가장자리(Edge)에서 Tool Path의 연장을 정의

공구 직경의 "백분율(공구 직경의 % 옵션)" 혹은 "값"으로 정의 가능

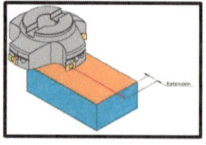

22. "한 경로"를 선택하면 관련 옵션을 정의할 수 있다. 이번 예제에서 설정을 변경할 필요는 없다.

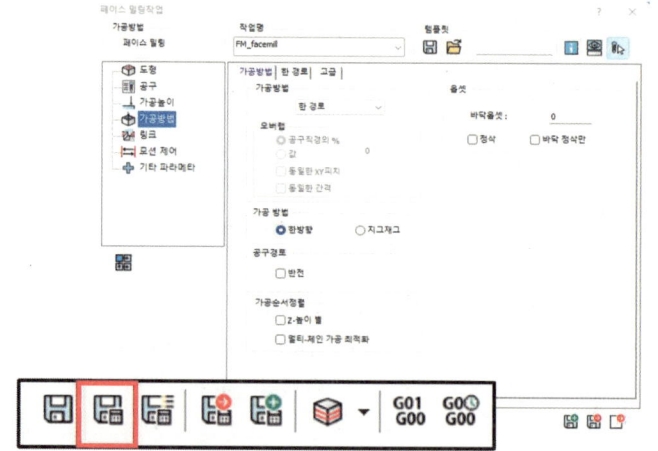

CAM 연산 및 저장

23. Calculation&Save 버튼을 눌러서 작업한 데이터를 기반으로 CL Data를 생성한다.

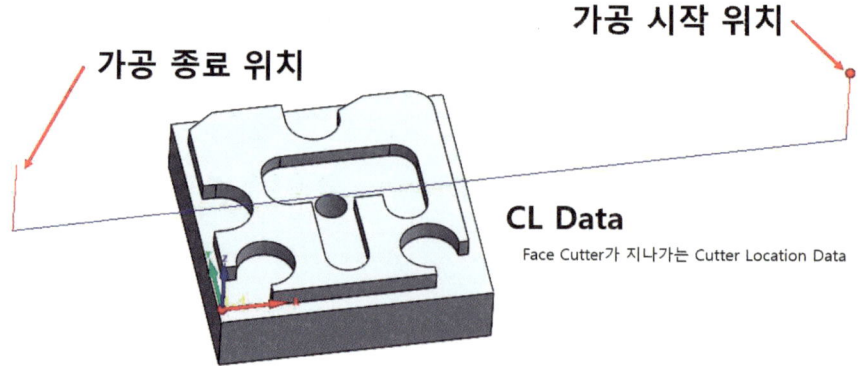

24. Face Cutter가 지나갈 CL Data가 생성되었다.

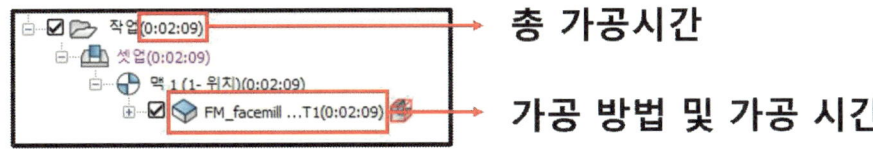

25. SolidCAM 작업창에서 "FM_Facemill_T1"의 신규 작업이 생성되었으며 가공시간이 표시된다.

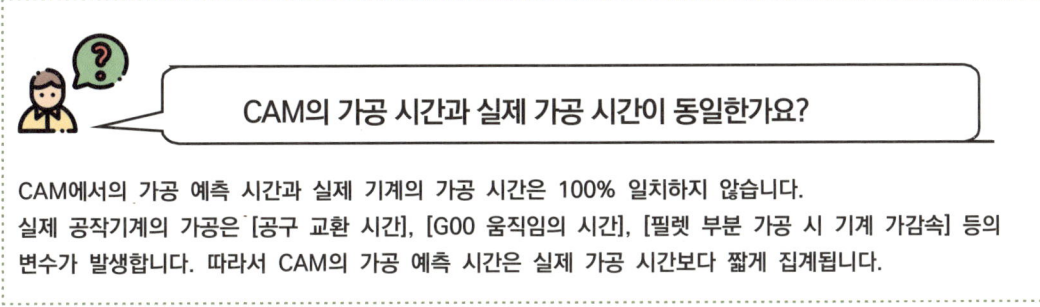

CAM의 가공 시간과 실제 가공 시간이 동일한가요?

CAM에서의 가공 예측 시간과 실제 기계의 가공 시간은 100% 일치하지 않습니다.
실제 공작기계의 가공은 [공구 교환 시간], [G00 움직임의 시간], [필렛 부분 가공 시 기계 가감속] 등의 변수가 발생합니다. 따라서 CAM의 가공 예측 시간은 실제 가공 시간보다 짧게 집계됩니다.

드릴 가공 선택

26. SolidCAM 작업창에서 "FM_Facemill_T1"의 신규 작업이 생성되었으며 가공시간이 표시된다.

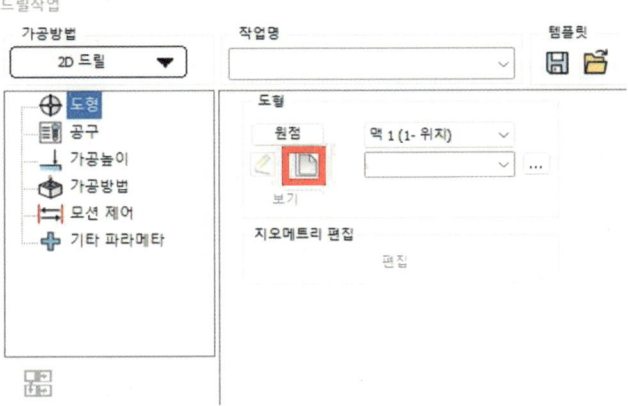

27. 드릴 가공에서 도형 생성을 눌러 "드릴 중심"을 생성한다.

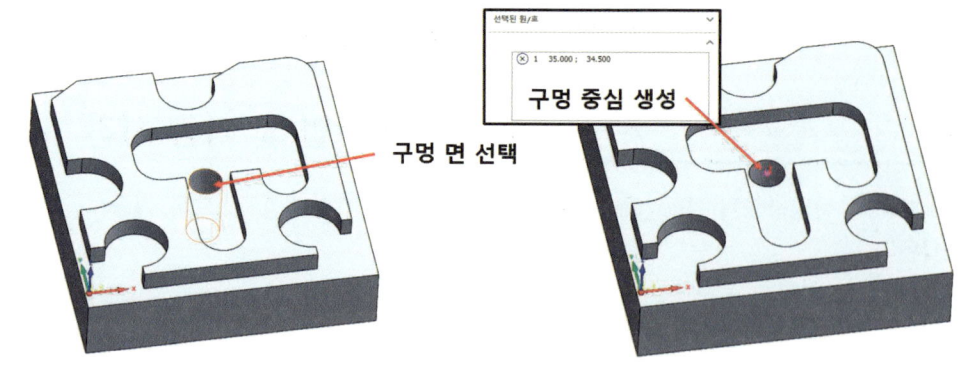

28. 드릴의 원통 면을 선택하면 구멍 중심이 생성된다.

29. 중심이 생성되었다면 체크[✓]버튼을 클릭한다.

30. 구멍 중심이 선택된 것을 확인한다.

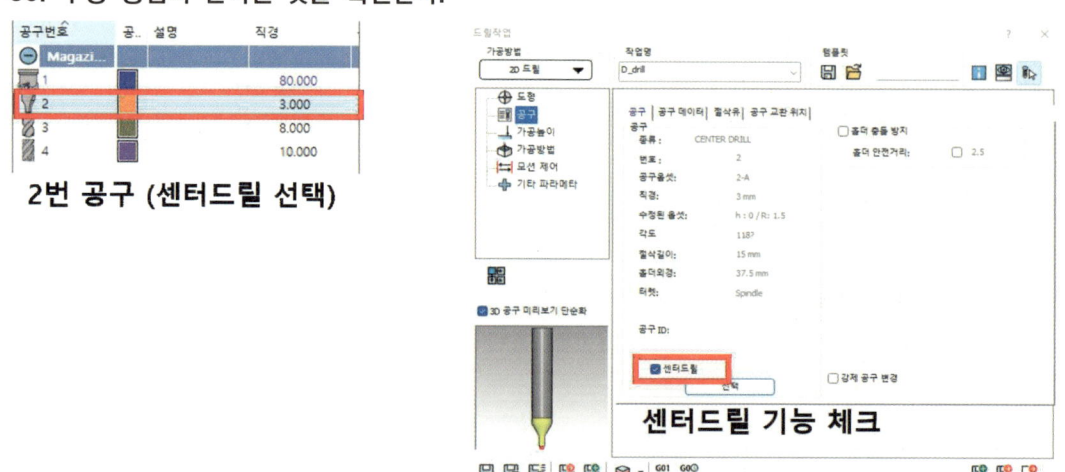

31. 공구를 선택하고 센터드릴 기능을 체크한다.
    센터 드릴 기능이 체크되어 있으면 드릴링 사이클 유형이 자동으로 선택된다.

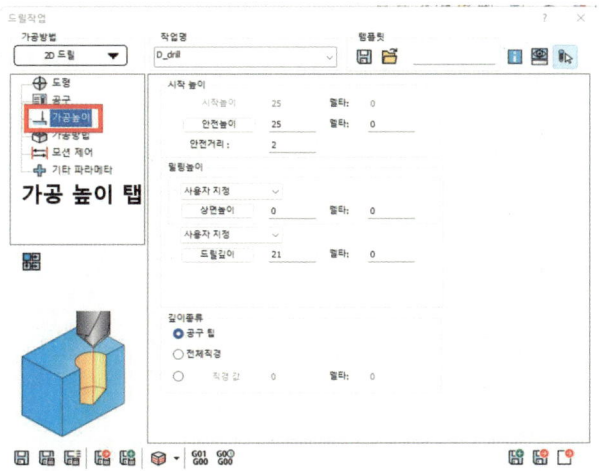

32. 가공 높이 탭을 선택한다.

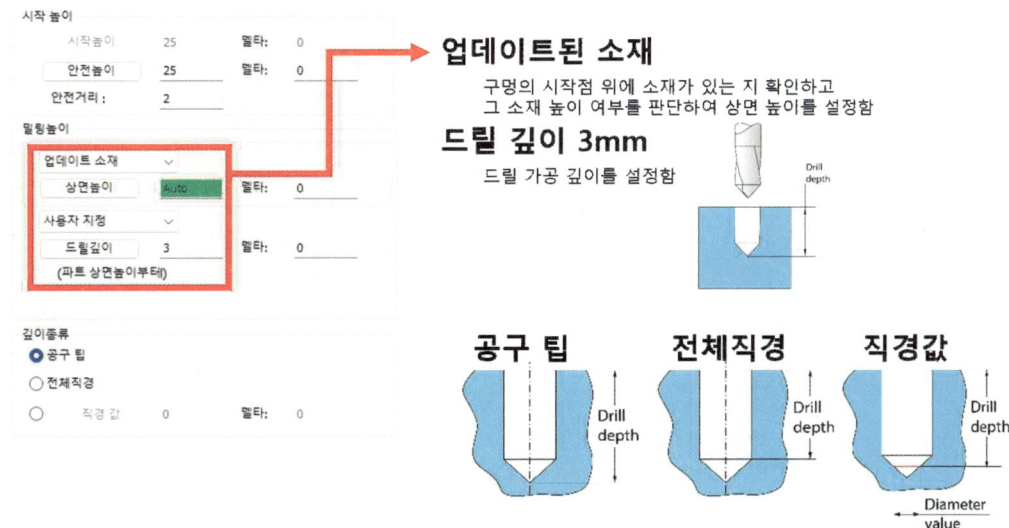

33. [업데이트 소재], [드릴 깊이를 3mm]로 설정한다.

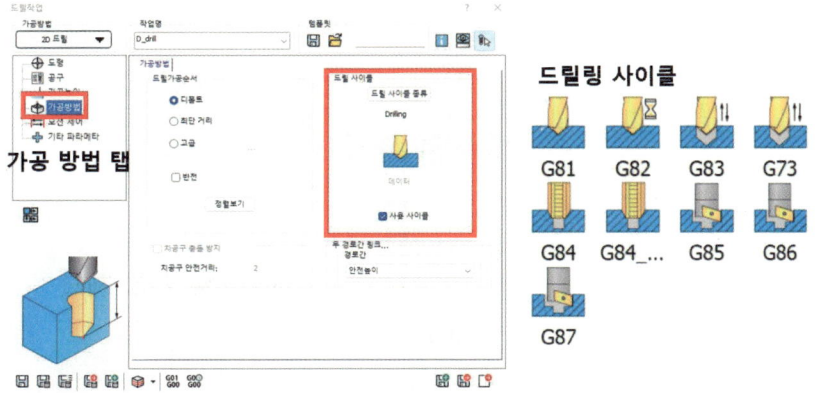

34. 가공 방법 탭에서 드릴링 사이클이 G81 사이클이 맞는지 확인한다.

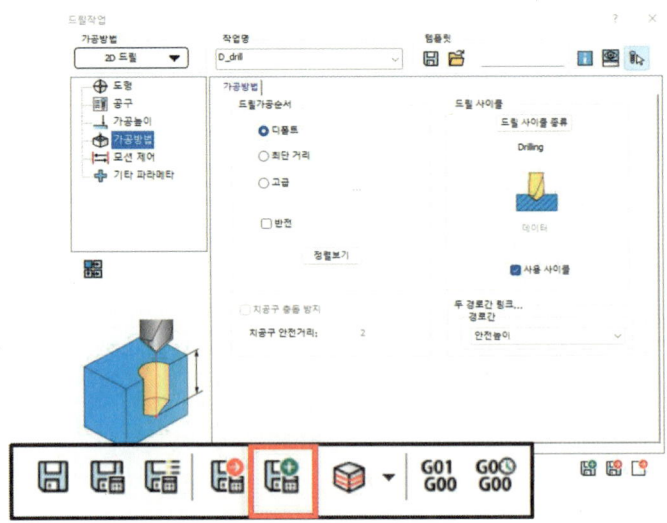

CAM연산 및 가공방법 복사

35. 동일한 가공 파라미터를 활용하는 경우라면 복사를 이용해서 현재 파라미터를 이용하여 새로운 가공방법을 정의할 수 있다.

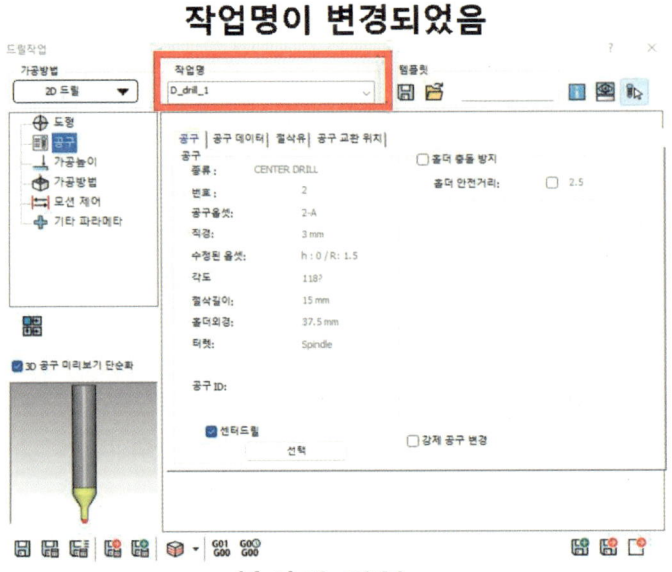

복사된 작업

36. 복사된 작업을 확인한다.
    작업명이 변경된 것으로 기존과 다른 작업임을 확인할 수 있다.

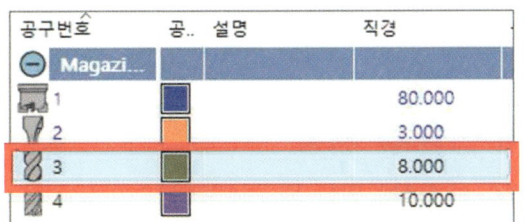

8mm 드릴 공구 선택

37. 드릴 공구 (3번)을 선택한다.

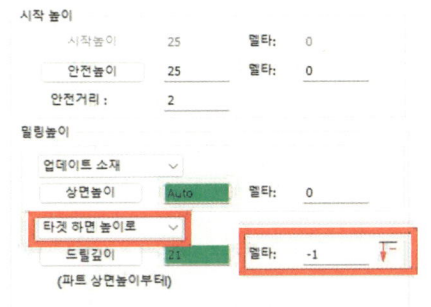

타겟 하면 높이로
모델링의 최하단까지 길이를 설정
드릴깊이는 항상 Z- 방향으로 적용되므로 양수로 입력한다

델타 : -1mm
델타는 드릴 깊이에서 추가로 3mm 가공하는 것을 의미한다.
드릴깊이와는 다르게 양수, 음수 모두 입력이 가능하므로
추가 깊이 가공을 하려면 음수값으로 입력한다.

드릴 선단에 의해 미가공 되는 것을 방지하기 위해 1mm 추가 가공한다

38. 밀링높이에서 [타겟 하면 높이로] 설정을 활성화하고 델타값을 -1mm 입력한다.

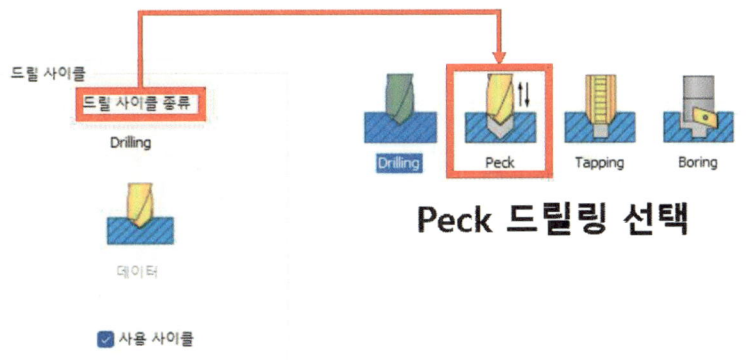

Peck 드릴링 선택

39. 가공높이 항목에서 [드릴사이클종류]를 Peck 드릴링으로 선택한다.

절입량(Q값) 3mm

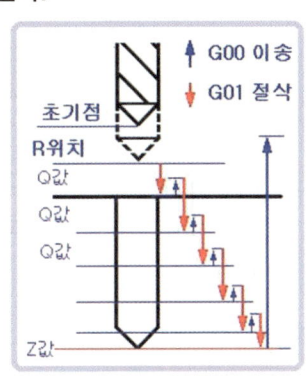

40. 데이터를 선택해서 절입량 (Q)를 3mm로 입력한다.

CAM 연산 및 저장

41. 설정한 데이터를 기반으로 CAM 연산 및 저장한다.

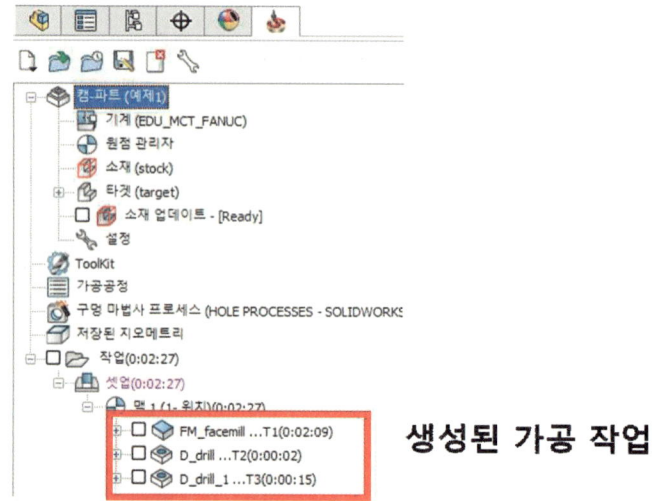

42. SolidCAM 작업창에서 생성된 센터드릴과 드릴 작업을 확인할 수 있다.

포켓 가공 선택

43. 포켓 가공을 선택한다.

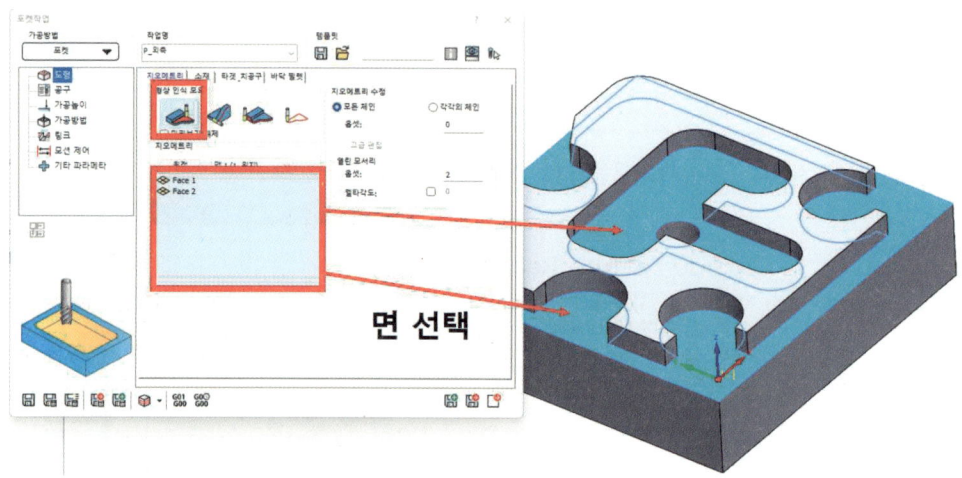

44. 형상 인식 모드에서 " Feaure Recognition by Face"를 선택하고 면을 선택한다.

▶형상 인식 모드

Feature Recognition by Faces

이 모드를 사용할 때 지오메트리 영역에 면 선택 상자가 표시됨
모델링의 면을 선택해서 가공할 영역을 정의할 수 있음

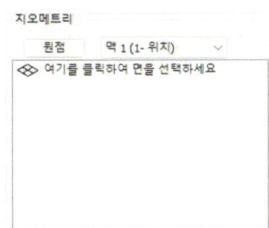 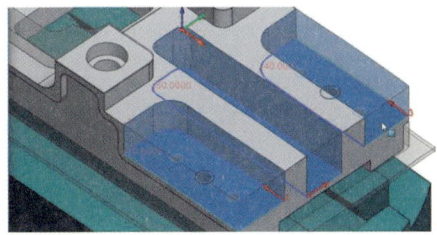

Feature Recognition by Chains

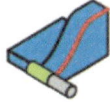

이 모드를 사용할 때 SolidCAM 표준 chain 방식과 유사한 옵션 나타남
모델링의 면을 선택해서 가공할 영역을 정의할 수 있음

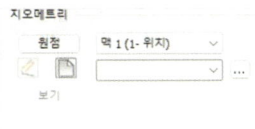 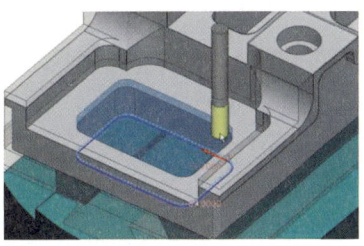

Outside Feature Recognition

이 모드를 사용할 때 SolidCAM 좌표계 선택 외에는 형상 정의에 따른
사용자 입력이 필요하지 않음
부품의 전체 외부 형상을 가공하려면 해당 옵션을 선택하면 됨

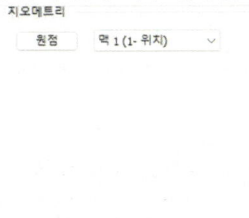 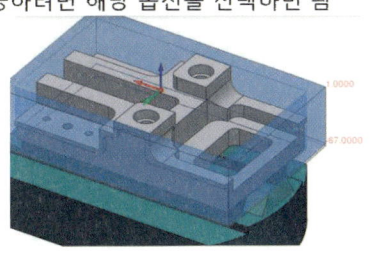

Outside Feature Recognition

이 모드를 사용할 때 SolidCAM 표준 chain 방식과 유사한 옵션 나타남
다른 모드에서 사용할 수 없는 Boundary 기능이 표시됨
해당 옵션은 SolidCAM 2019 이전과 동일하게 가동 형상을 정의할 수 있음

 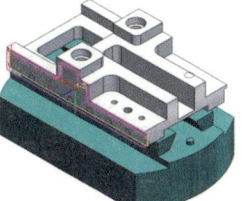

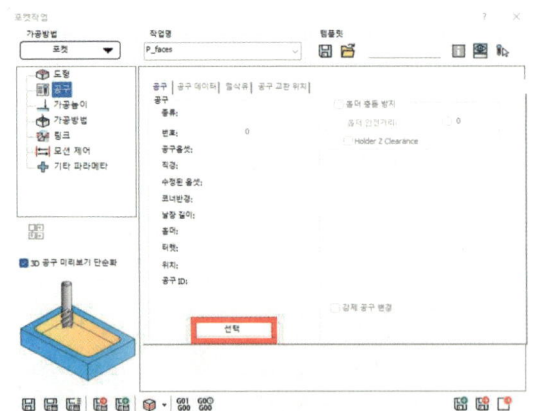
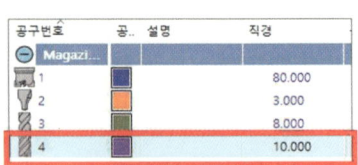

4번 공구 선택
(Flat Endmill)

45. Flat Endmill을 공구로 설정한다.

절삭유 M08
사용 여부 체크

46. 절삭유 사용 여부를 반드시 확인한다.

47. 가공 높이 항목에서 상수, 가변 그리고 Z피치 값을 설정한다.
(현재 가공물에서 Z피치 2.5mm로 설정하고 별도로 설정할 필요는 없으며 플라스틱 가공 시 Z피치를 5mm로 설정해도 무방하다.)

▶균일한 절입량

프로파일 및 포켓 가공은 상면 높이(Upper Level)에서 시작하여 지정된 깊이(Depth)까지 복수의 Z-Level에서 가공이 수행됩니다.

균일한 절입량 (Equal Step Down) 미선택 시

두 개의 연속된 Z-Level 사이의 거리는 Z피치 (Step Down) 파라미터에 의해서 결정됩니다.
가공 깊이를 Step Down 값으로 정확히 나눌 수 없는 경우, 마지막 절삭 깊이가 Step Down 값보다 작아집니다.

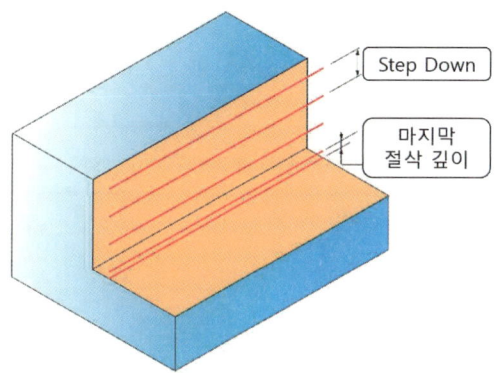

균일한 절입량 (Equal Step Down) 체크 시

모든 Z-Level 간의 균일한 거리가 유지됩니다.
이 옵션을 사용하면 Step Down 매개변수 대신 최대 Step Down 매개변수 (최대 Z피치)을 지정합니다. 작업에서 정의되고 바닥 Offset 및 델타 깊이 매개변수로 수정된 깊이에 따라 SolidCAM은 지정된 "최대 Step Down(최대 Z피치)" 값을 고려하면서 모든 Tool Path 사이에 균일한 거리를 유지하기 위해 실제 Step Down을 자동으로 계산하여 "최대 Step Down(최대 Z피치)"을 초과하지 않도록 계산합니다.

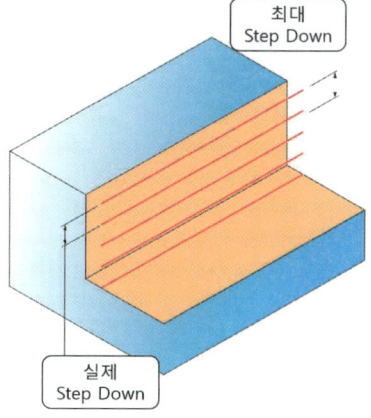

OverLap (XY Step Over)

포켓 밀링에서 인접한 Tool Path 중첩을 정의
공구 직경의 % 혹은 수치로 정의할 수 있음

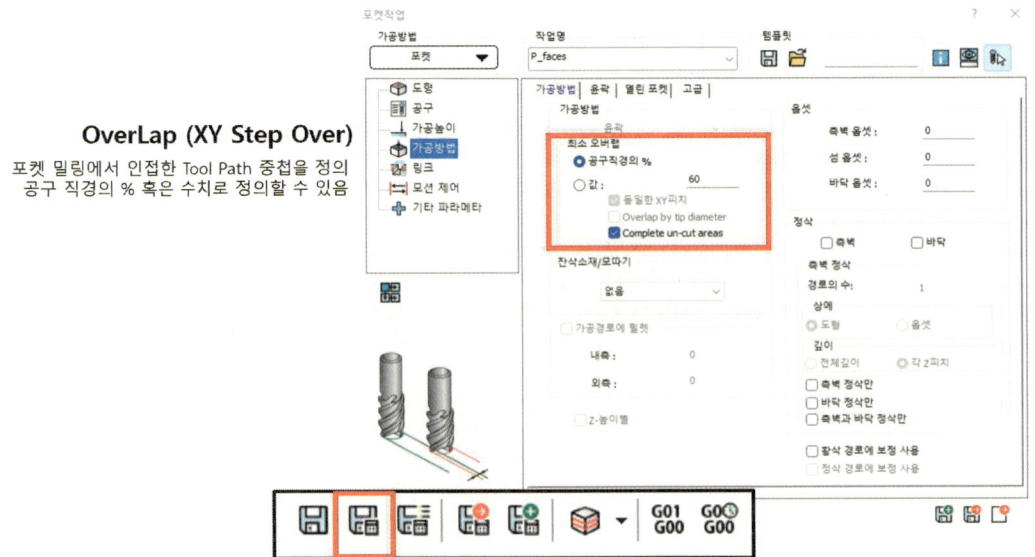

CAM 연산 및 저장

48. 최소 오버랩의 [공구 직경의 %]를 60으로 설정하고 저장한다.

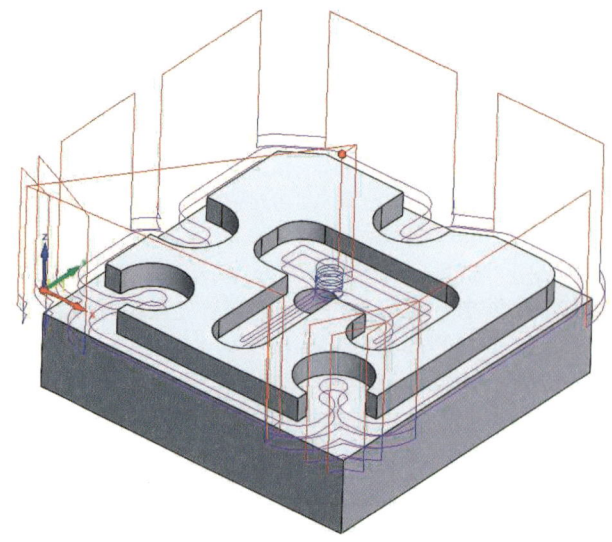

49. CL Data가 생성된 것을 확인한다.

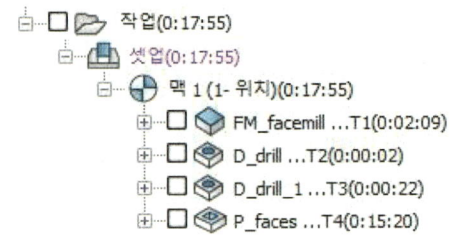

50. 4개의 가공 작업이 생성되었다.

가공시간 단축 - 안전거리

더블 클릭

1. Endmill 가공이 가장 많은 시간이 소모되므로 조건을 수정한다.
   더블 클릭해서 작업창을 다시 열 수 있다.

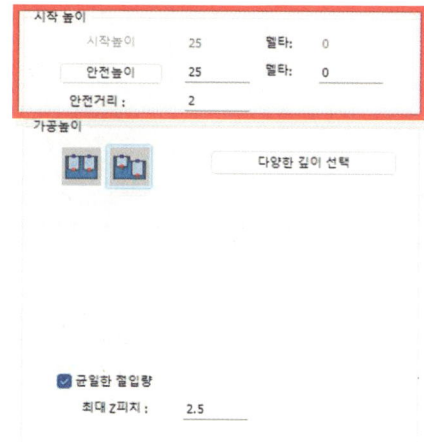

2. 안전높이와 안전거리를 수정한다.

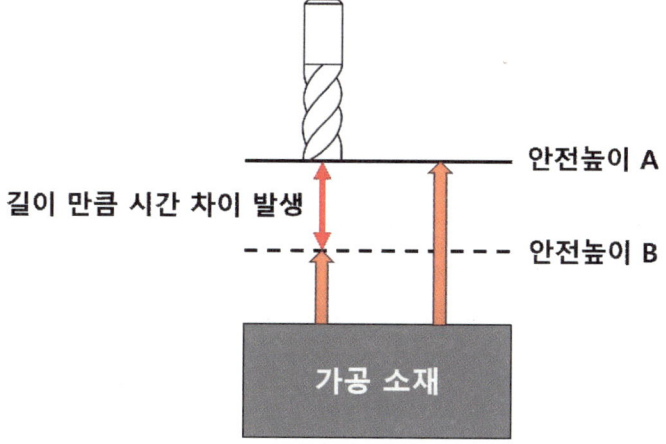

3. 안전높이가 높고 낮음에 따라 그 길이의 차이값 만큼 공구의 이동 거리는 늘어나게 되며
   그 만큼 가공 시간이 증가한다.

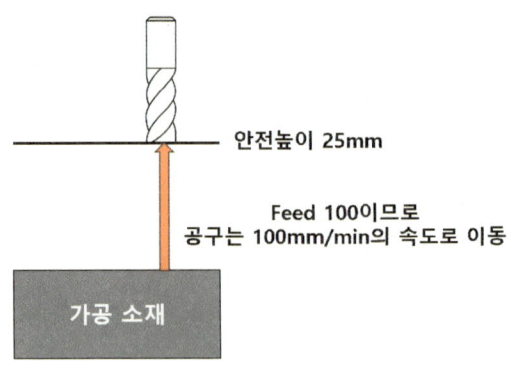

4. 안전거리 이내에서는 G01 [mm/min]의 속도로 이동한다.

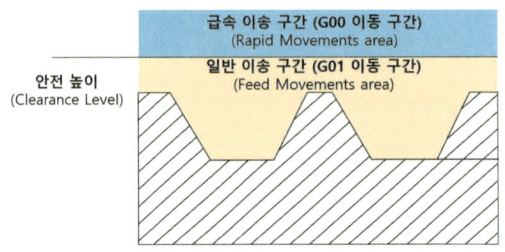

5. 따라서 안전거리의 높이가 25mm라면 (Feed가 100이므로) 100mm/min의 속도로 이동한다. 100mm/min의 속도는 1분 동안 100mm을 이동한다는 의미이다.
100mm/min은 1초동안

$\frac{100mm}{60s}$ = 1.67 mm/s 이동하는 속도이며 25mm를 이동할 때 소요되는 시간은

속도 = $\frac{거리}{시간}$ 의 공식을 이항하여

시간 = $\frac{거리}{속도}$ = $\frac{25mm}{1.67mm/s}$ = 14.97초 이므로 약 15초 정도 소요된다.

이렇게 안전 높이를 4번만 올라가도 1분의 가공시간이 추가된다.
이러한 따라서 [안전거리]를 수정하여 이러한 문제를 방지할 수 있다.

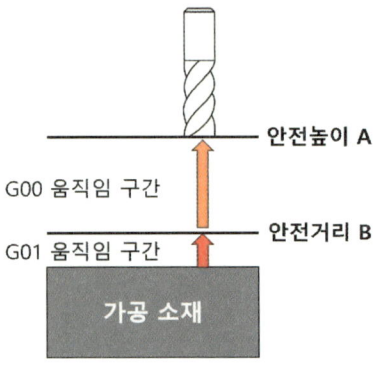

6. 안전거리를 설정하면 설정한 길이만큼 가공 소재에서 여유값이 생기고 그 이상의 높이에서는 G00으로 이동한다.

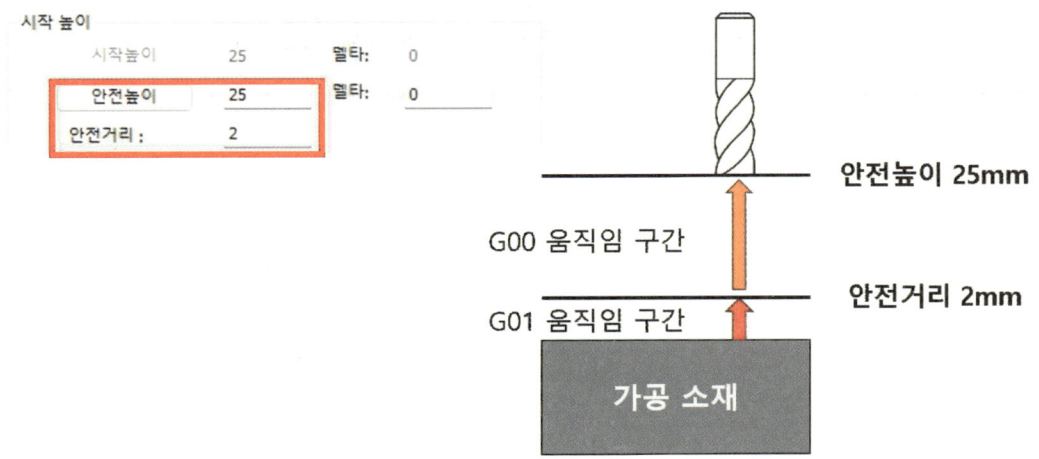

7. 안전거리를 작게 설정하면 가공 시간을 단축할 수 있다.

▶안전거리 설정 시 주의사항

안전거리는 계산 방식이 Taget에서부터 계산된다.

따라서 가공되지 않은 소재가 남아 있고 그 이하 값의 안전거리를 부여한다면 공구 충돌이 발생할 수 있으므로 주의가 필요하다

가공시간 단축 – 링크 변경

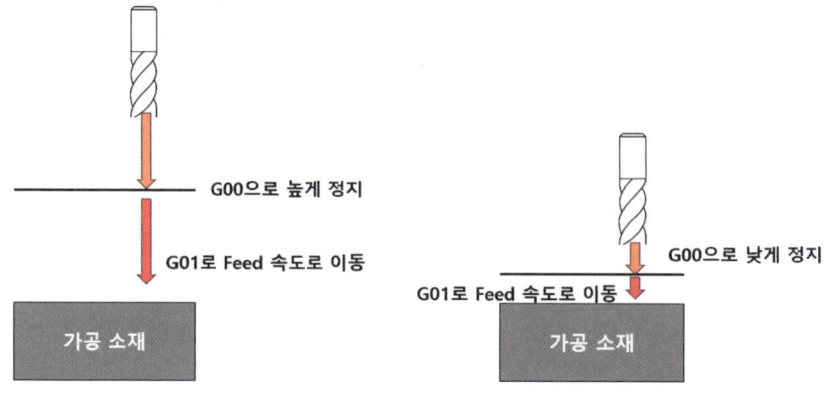

안전거리를 사용하게되면 가공 시간을 줄일 수 있으나 최초 가공 시 G00으로 공구에 근접하게 되므로 설정값 오류 (PP 설정 오류 등)로 인한 문제가 발생할 때 신속한 대처가 어려울 수 있다.
안전거리를 높게 설정하고 안전높이로의 이동을 최소화하는 방법을 이용해보자.

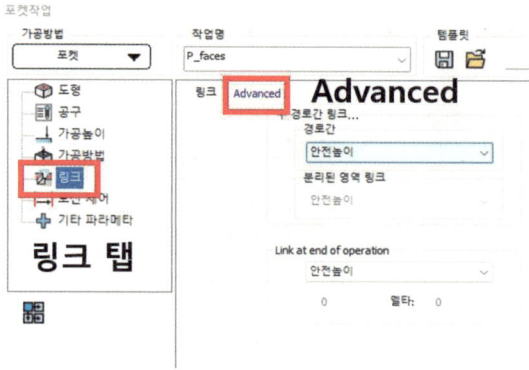

1. 링크 탭에서 [Advanced] 항목에 진입한다.

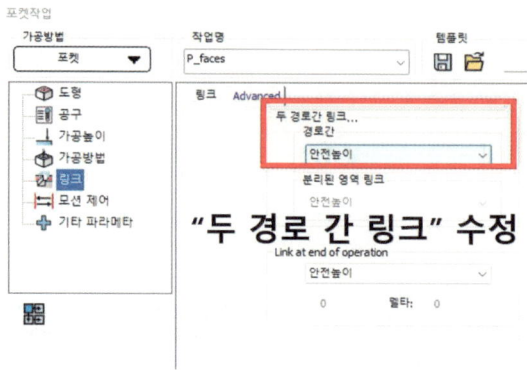

2. 두 경로 간 링크를 변경한다.

▶두 경로간 링크

안전 거리

안전거리까지 후퇴

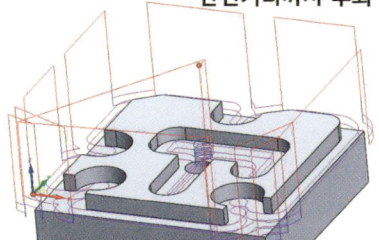
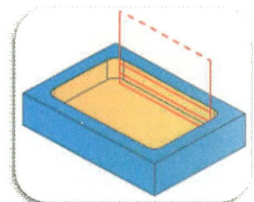

상면높이로부터 안전거리

상면 높이에서 안전거리 만큼 후퇴

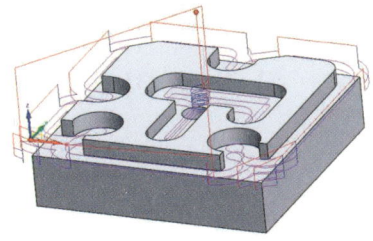
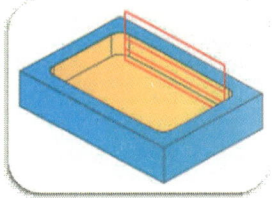

현재 경로에서 안전 거리

현재 경로에서 안전 거리만큼 후퇴
EX) 현재 경로가 Z-2.0이라면 안전거리 값만큼 Z+로 이동함

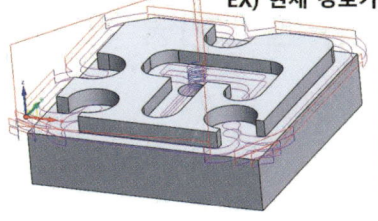
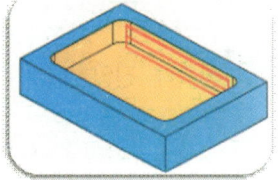

현재 경로의 높이

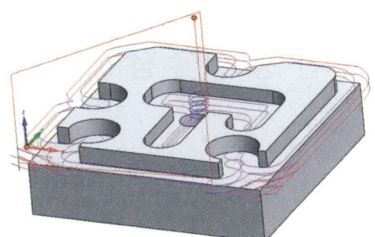

현재 경로에서 이동
Z값 이동없이 현재 경로에서 이동한다

경로 간의 링크를 수정하는 경우에도 소재(Work)와의 충돌이 발생할 가능성이 있으므로 항상 주의할 필요가 있다.

이동 경로가 짧으면 가공 시간이 짧아지지만 주의가 필요하다

또한, 너무 짧은 이동 경로는 공구 떨림이나 가공중 마모된 공구로 인해서 미가공이 되는 부분이 있다면 공구 파손등의 문제로 이어질 수 있으므로 작업자의 판단으로 적절한 옵션을 사용하는 것이 중요하다.

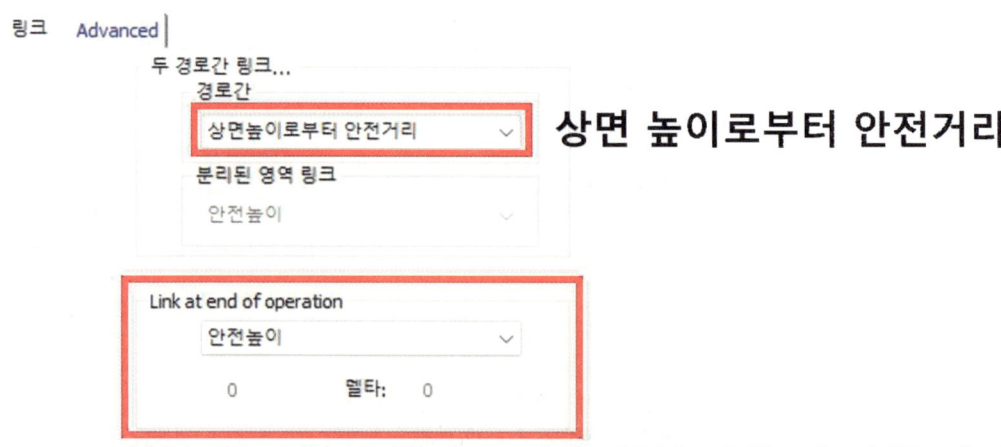

3. 상면높이로부터 안전거리를 사용하여 적절한 안전거리를 확보한다.

공구 초기 진입

공구는 최초로 공작물과 접촉할 때 가장 큰 부하를 받는다.

심각한 경우 공구가 파손될 위험이 있으므로 이에 대한
방지책으로 다음과 같은 설정을 할 수 있다.

1. 측면 진입 시 [형상 외부에서 시작]하도록 설정한다.
   형상 외부에서 시작을 실행하면 열린 포켓 형상에서 공구가 측면에서 진입하도록 한다.

2. 링크에서 공구가 수직 방향으로 최초 진입할 때 어떠한 형태로 진입할지 결정할 수 있다.
   공구가 수직으로 진입하는 것은 많은 부하를 받을 수 있으므로 헬리컬 형태로 진입하는
   것을 권장한다.

일반 공구 진입   드릴 구멍에서 공구 진입

3. 공구 진입 시 사전에 드릴 가공을 했다면 해당 구멍을 이용하여 공구를 진입할 수 있다. 일반적인 공구 진입보다 공구가 받는 부하가 감소시킬 수 있다.

    그러나, 정밀한 구멍의 작업이 필요한 경우, 엔드밀 가공 보다 이후에 드릴 가공을 할 수도 있으므로 상황에 따라 적합한 방법을 선택한다.

드릴 구멍의 측면 선택   모두 적용 클릭

4. 링크에서 데이터를 선택한 후 드릴 구멍의 측면을 클릭한다.

    이후 [드릴 위치]에서 모두 적용을 누르고 체크[✔]아이콘을 클릭한다.

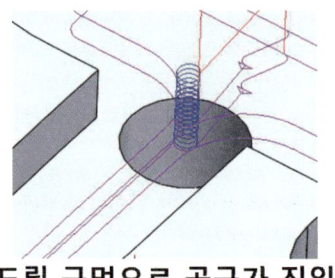

드릴 구멍으로 공구가 진입

5. 이후 연산을 통해서 변경된 CL Data를 살펴보면 내부 포켓 초기 진입 시 드릴 구멍으로 진입하는 것을 확인할 수 있다.

5 | 가공 시뮬레이션

CAM에서의 설정값은 CL Data를 통해 정상적인 결과가 출력되었는 지 예상할 수 있으나 가공된 모습이나 잔삭량을 예측하는 것은 숙련된 기술자가 아니면 어려울 수 있다. 이러한 문제를 해결하기 위해 SolidCAM은 가공 시뮬레이션을 지원한다.

1. 셋업을 우클릭한다.

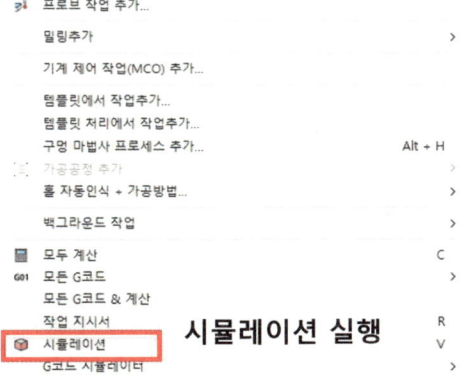

2. 명령에서 시뮬레이션을 클릭한다.

3. 시뮬레이션 창이 나타나며 필요한 옵션을 ON/OFF 한다.

- 77 -

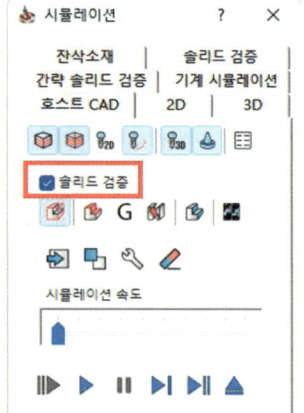

솔리드 검증
체크하면 "솔리드 검증"과 유사한 가공 시뮬레이션을 솔리드 모델에 표시

Show Stock
시뮬레이션 중에 Stock이 업데이트 되는 방식을 표시

잔삭 소재 보기
대상 모델을 업로드하고 남은 잔삭이 있는 영역을 강조 표시

Show Gouges
Gouges 보고서를 표시

Enable automatic stock splitting
Stock의 자동 분할을 ON/OFF

Colorize stock
업데이트된 모델 표면을 공구 색상과 동일한 색상으로 표시

Multi-Core Surpport
시뮬레이션의 멀티코어 계산을 수행
컴퓨터 CPU 성능이 다른 중앙 처리 장치(코어)에서 서로 다른 요소를
동시 계산할 수 있도록 최적화, 이 경우 애니메이션은 빨라지지만 정확도는 저하됨

4. 솔리드 검증에서 필요한 옵션을 선택한다.
5.

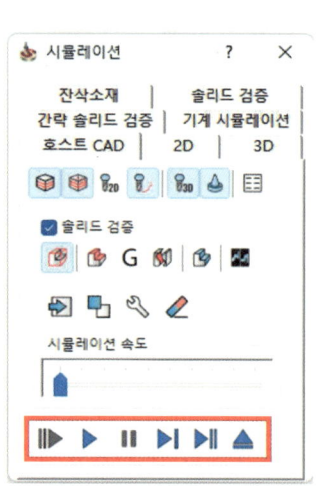

Turbo
시뮬레이션이 화면에 표시되지 않고 컴퓨터 메모리에서 수행
시뮬레이션이 완료되거나 일시 중지하면 이미지가 표시됨

Play
시뮬레이션을 재생하려면 이 버튼을 클릭

Loop Mode
시뮬레이션을 처음부터 끝까지 자동으로 반복
재생 버튼을 2초간 길게 누르면 활성화됨

Pauses
시뮬레이션을 일시 정지

Single Step
기호를 클릭하거나 키보드 스페이스바를 이용하여
다음 공구 이동을 시뮬레이션

Operation Step mode
시뮬레이션이 작업(Operation)별로 개별적으로 표시

종료
시뮬레이션 모듈을 종료

6. 시뮬레이션 실행 버튼 및 조작법을 확인하여 시뮬레이션을 실행한다.

6 | NC 데이터 출력

모든 작업이 끝났다면 NC 데이터를 생성한다.

1. G코드 생성 아이콘을 클릭한다.

2. CIMCO Editor 창이 나타난다.

3. 구문 검색과 G코드를 확인하여 문제가 없다면 NC데이터를 저장한다.

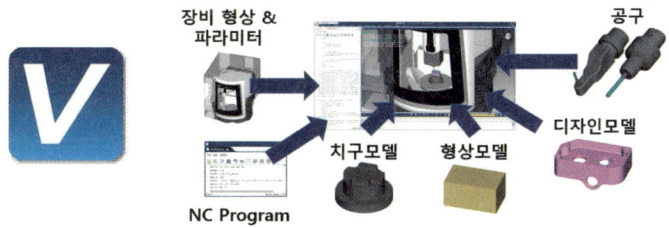

4. 작성한 NC프로그램을 시뮬레이션 프로그램을 통해서 검증하면 가공 시 발생할 수 있는 문제를 사전에 체크할 수 있다.

▶NC데이터 저장 위치 수정

NC데이터 출력 위치를 수정하려면 아래 절차로 설정하면 됩니다.

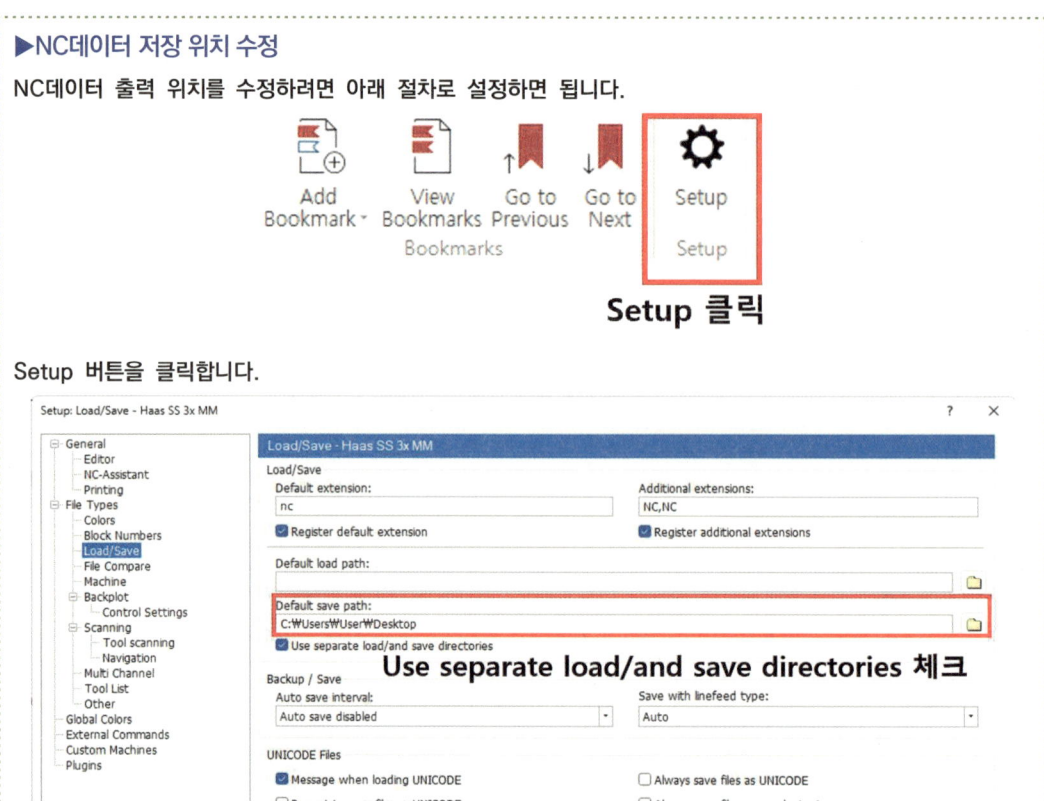

Setup 버튼을 클릭합니다.

[File Types] - [Load/Save]에서 Use Separate load/and save directories를 체크하면 NC데이터 기본 저장 위치를 설정할 수 있습니다.

7 | 연습 문제

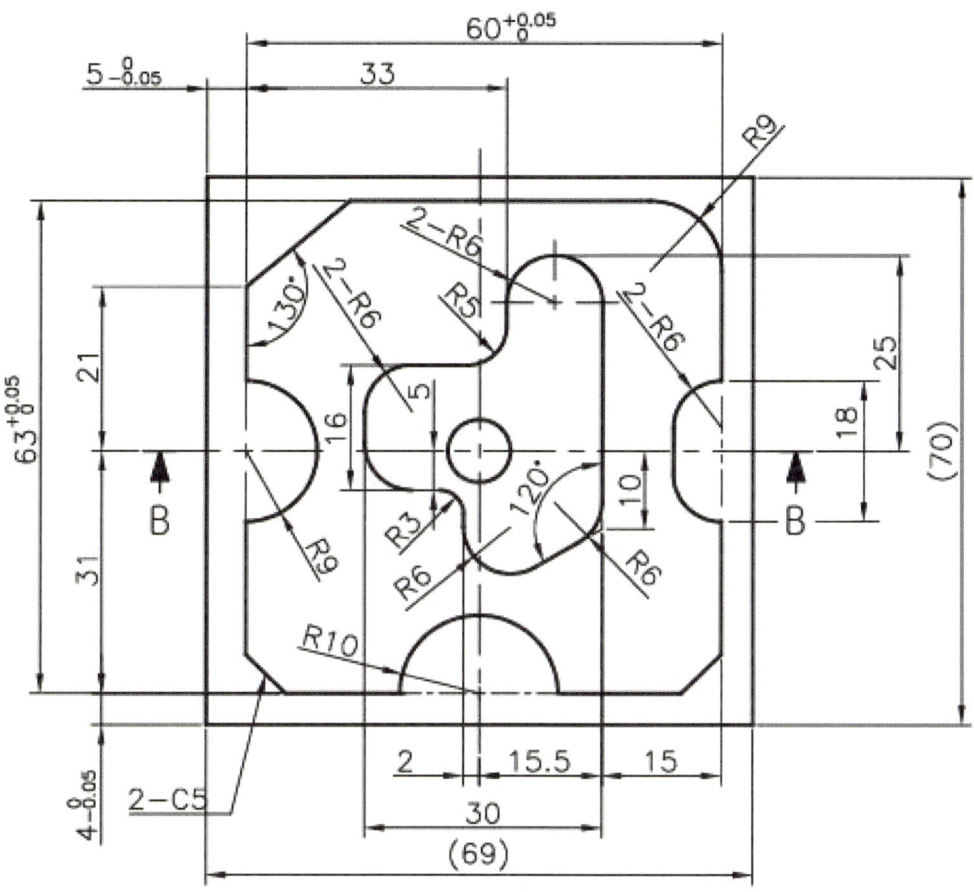

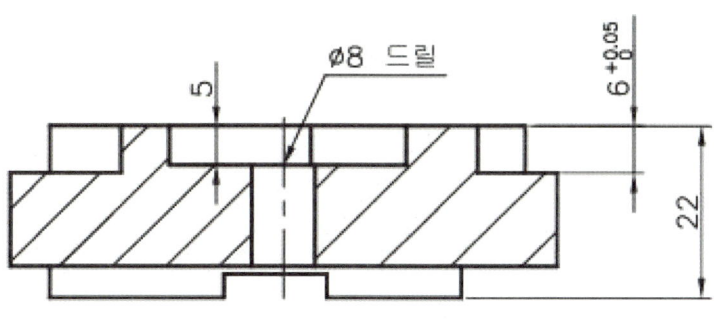

단면 B-B

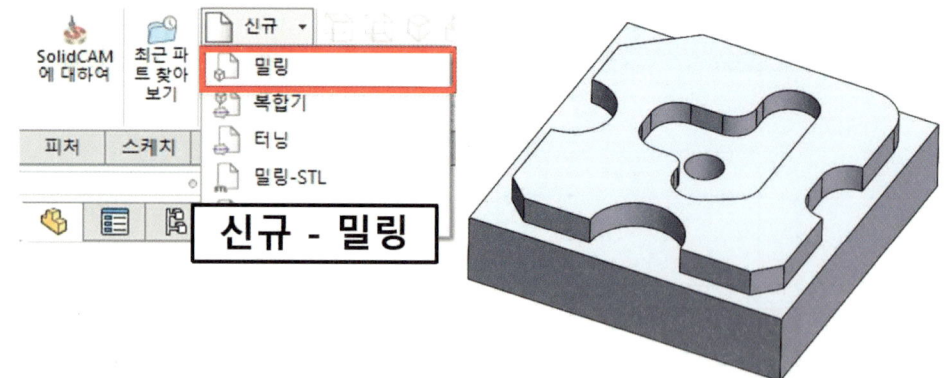

1. 모델링을 완료하고 [신규] - [밀링] 실행

2. 옵션 확인하고 체크 아이콘 클릭

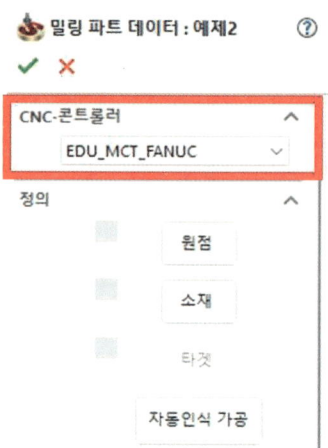

3. PP 선택 (EDU_MCT_FANUC)

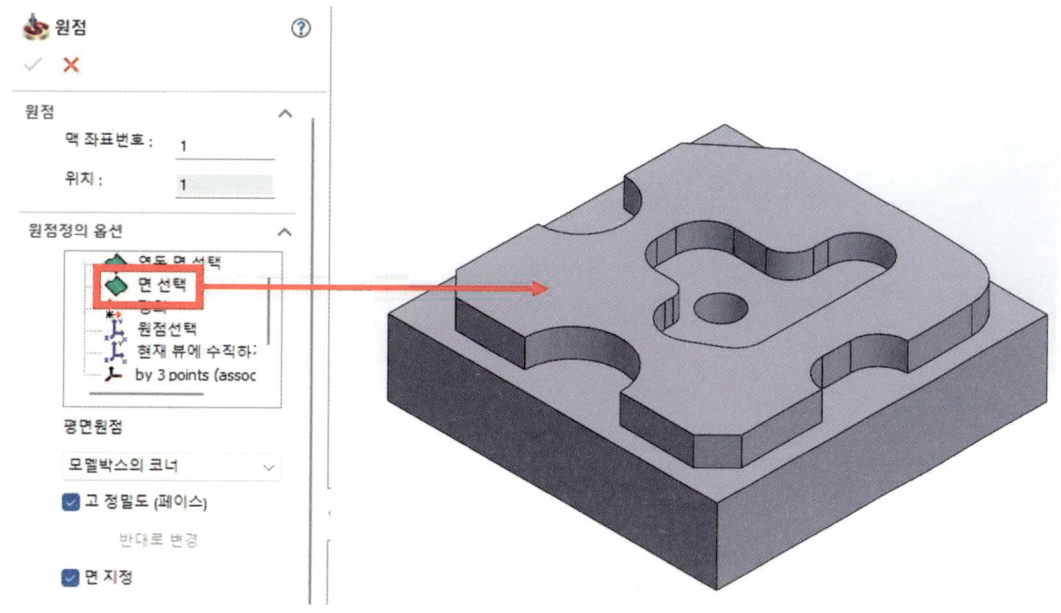

4. 원점을 선택한다.

5. 각 설정을 확인하고 체크 아이콘을 클릭한다.

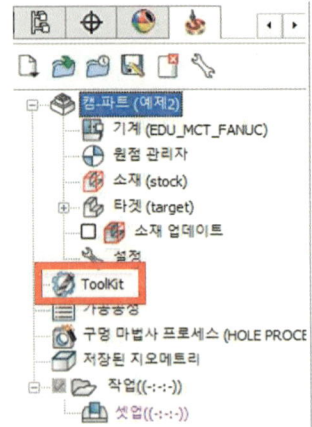

6. ToolKit을 실행한다.

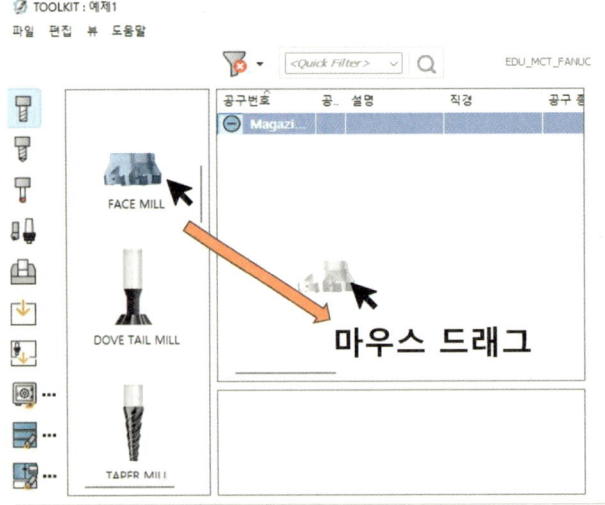

7. 마우스 FACE MILL을 마우스 드래그로 불러온다.

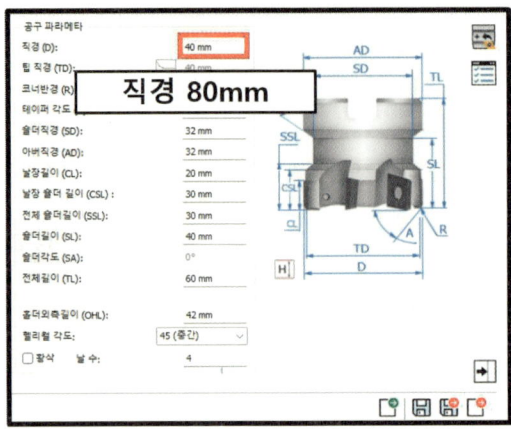

8. 직경 80mm로 설정한다.

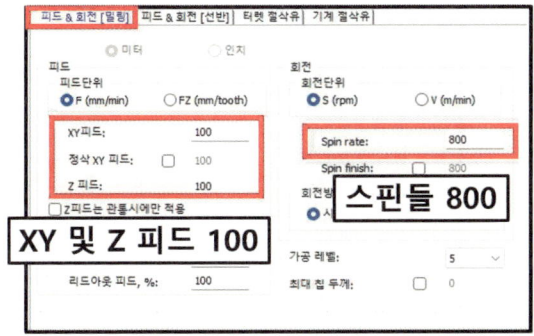 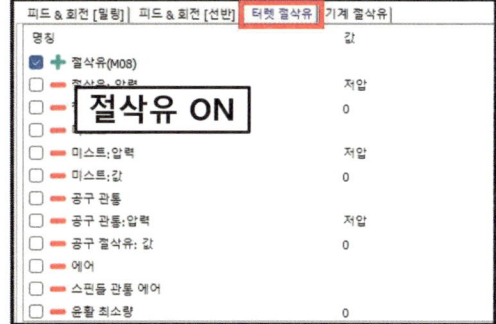

9. 피드와 스핀들 그리고 절삭유를 설정한다.

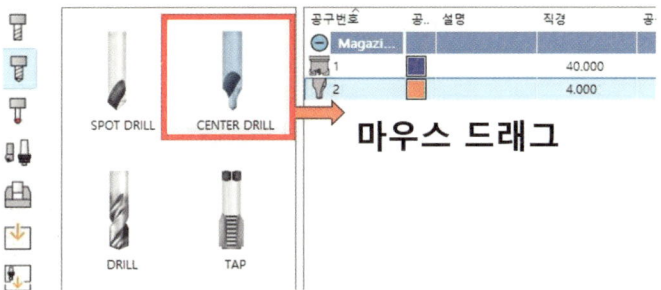

10. 드릴 항목에서 [CENTER DRILL]을 호출한다.

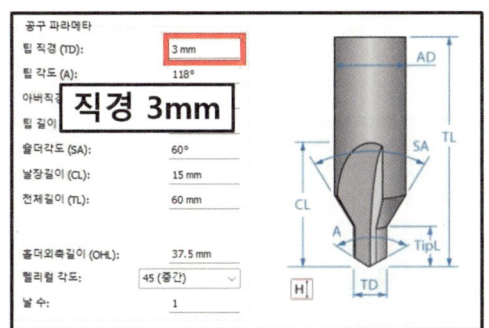 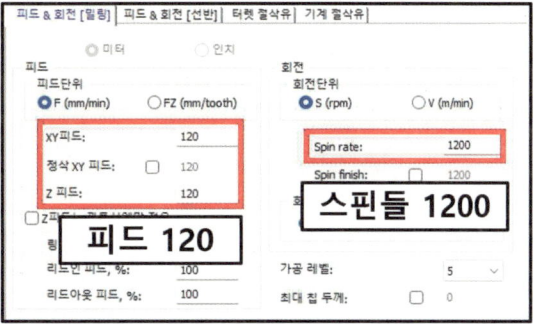

11. 직경과 피드, 스핀들을 설정한다. 센터드릴 가공에서는 절삭유를 OFF해도 된다.

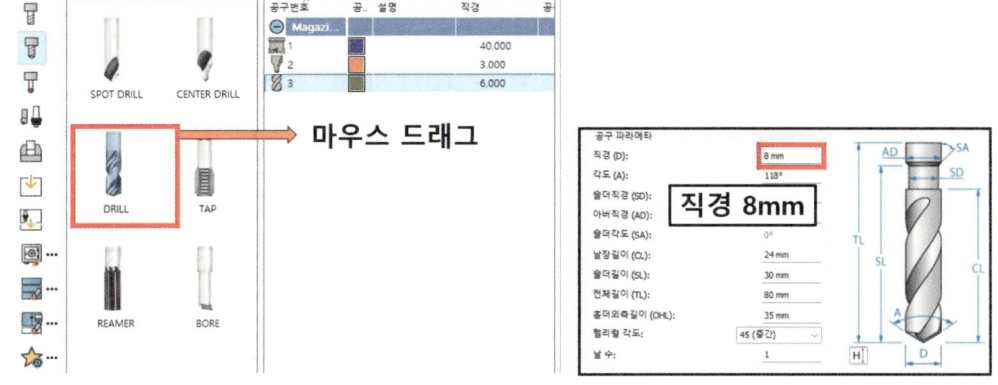

12. DRILL을 마우스 드래그로 호출하고 직경을 설정한다.

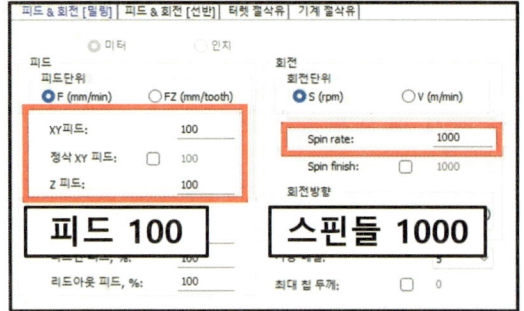 

13. 피드와 스핀들 그리고 절삭유를 설정한다.

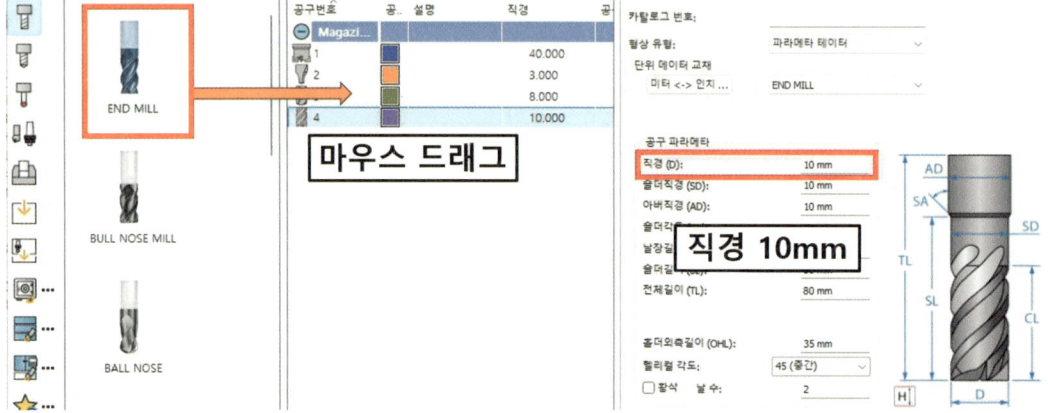

14. END MILL을 호출하고 직경값을 설정한다.

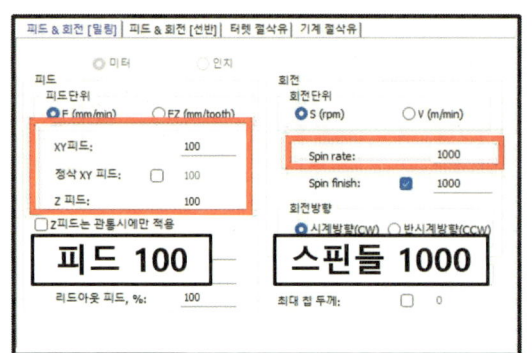 

15. 피드와 스핀들을 설정하여 ToolKIT 설정을 완료한다.

페이스 실행

16. 페이스 명령을 실행한다.

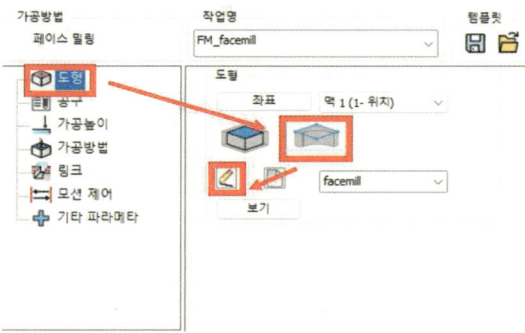

17. 도형 탭에서 Part기반 Boudary를 선택하고 편집[ ]을 클릭한다.

18. [모델], [박스], [도형정의]를 누르고 형상을 선택하고 체크[ ]로 완료한다.

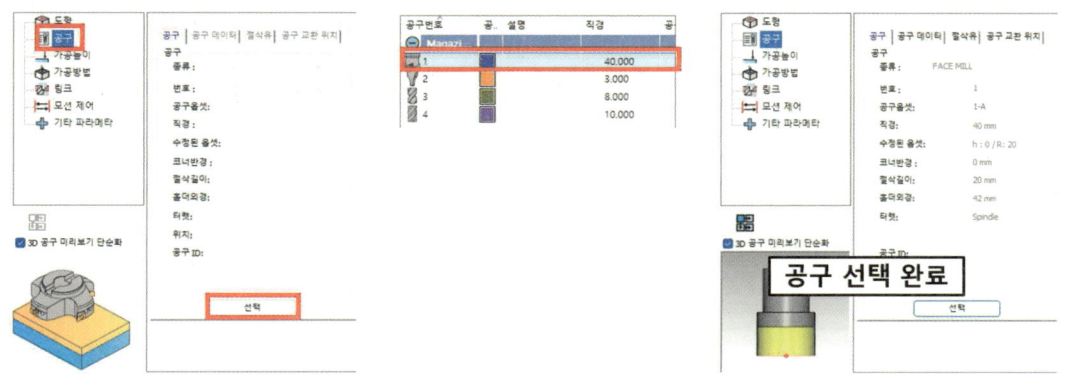

19. 공구 탭에서 [선택]을 누르고 Face Mill을 선택한다.

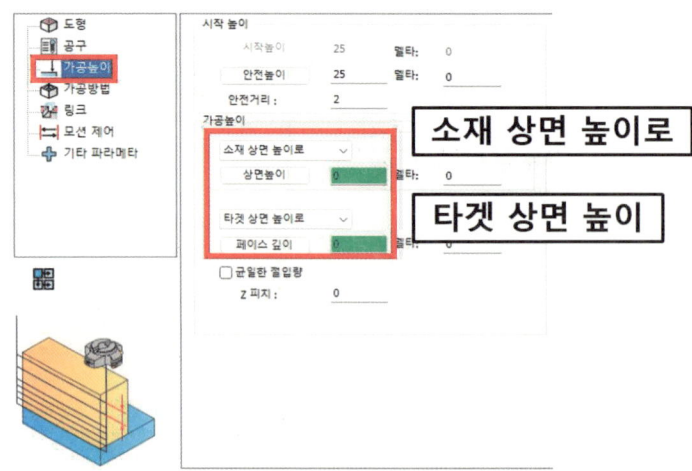

20. 가공 높이를 정의한다.
    단, 예제의 제공되는 소재 높이에 따라서 Z피치 값을 조정한다.

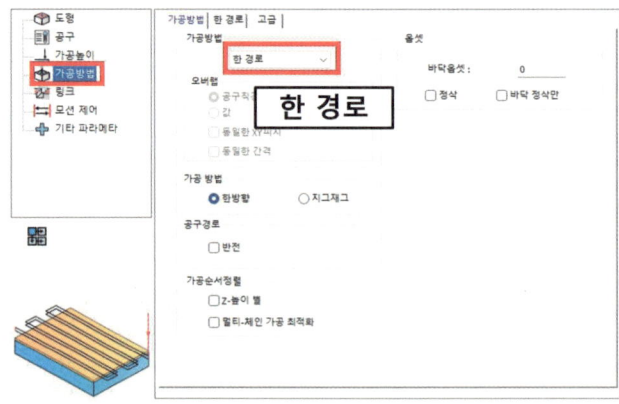

21. 가공 방법을 [한 경로]로 지정한다.
    (단, 가공 시간에 따라서 변경해도 무방하다.)

22. 저장 및 연산 버튼을 누른다.

23. 드릴 가공 모드를 실행한다.

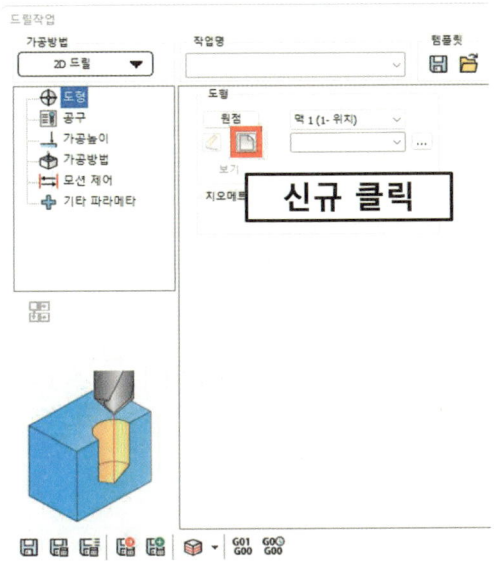

24. 도형에서 신규를 클릭한다.

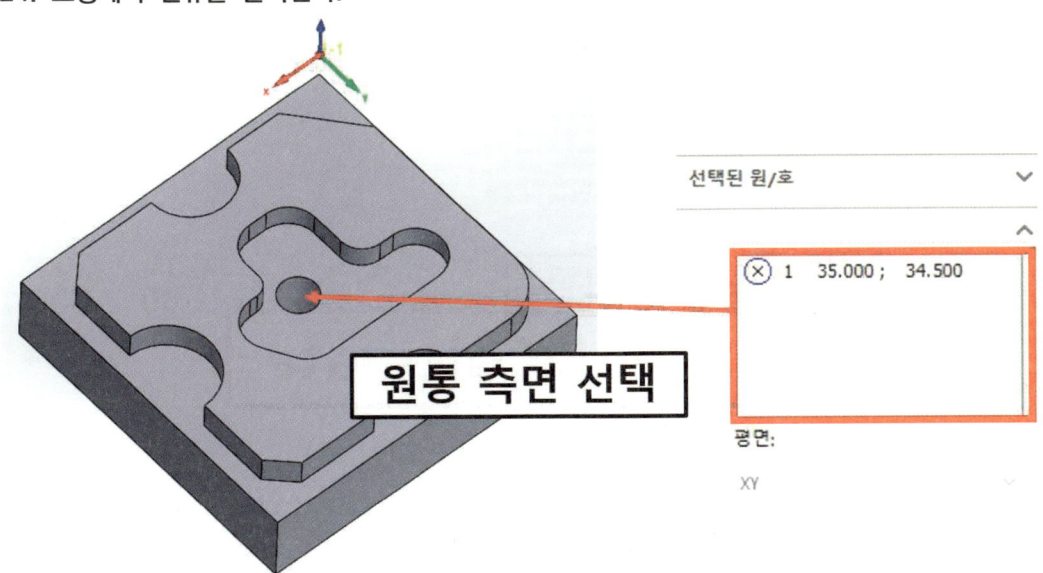

25. 원통의 측면 (실린더 측면 Surface)를 클릭한다.

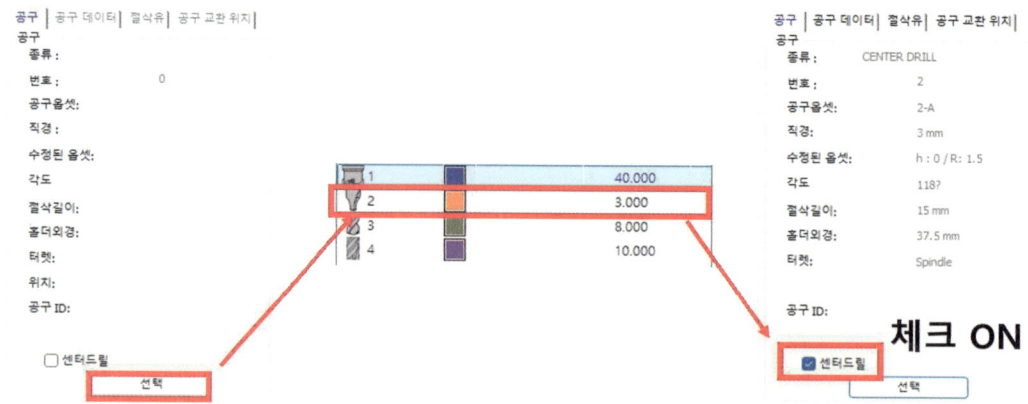

26. 공구를 선택하고 센터드릴에 체크한다.

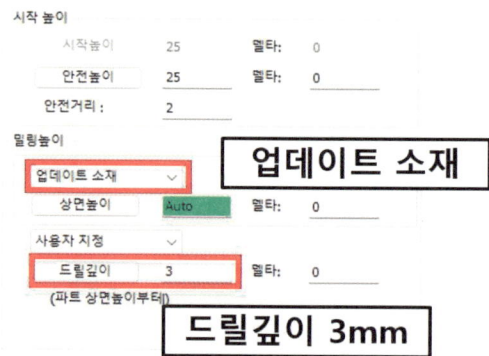

27. 밀링높이를 [업데이트 소재]로 설정하고 [드릴 깊이]를 3mm로 설정한다.

28. 가공 방법을 G81 드릴링 사이클로 지정한다.

29. Save Parallel Calculate & COPY를 설정해서 현재 파라미터를 가진채 새로운 가공 작업을 만든다. (작업 복사)

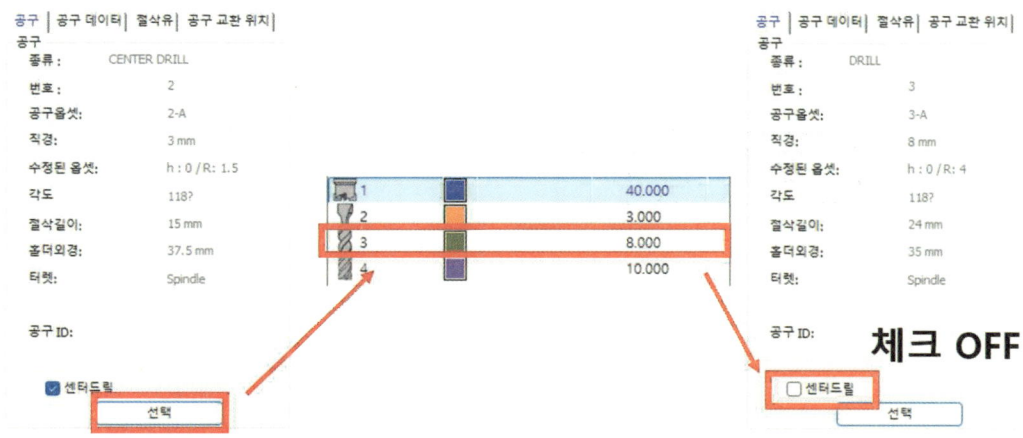

30. 신규 생성된 작업의 공구를 센터드릴에서 드릴로 변경한다. 센터드릴 옵션은 OFF한다.

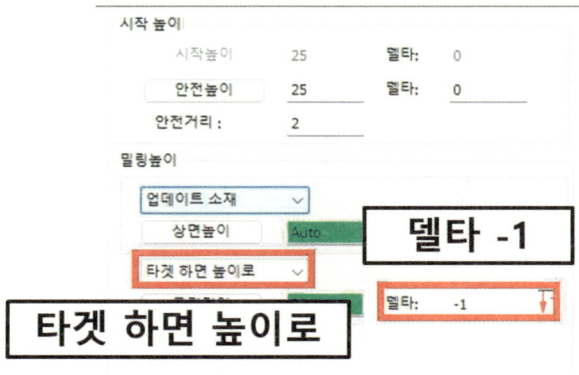

31. 옵션 [타겟 하면 높이로]를 설정하고 델타를 -1mm로 설정한다.

32. Save&Calculate로 저장한다.

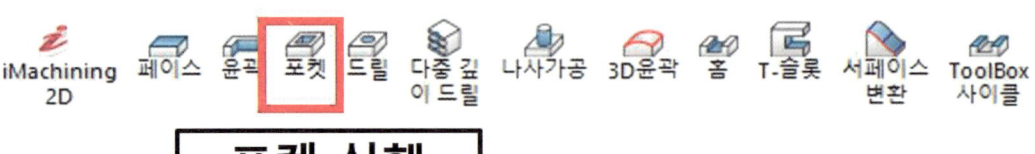

33. 포켓을 실행한다.

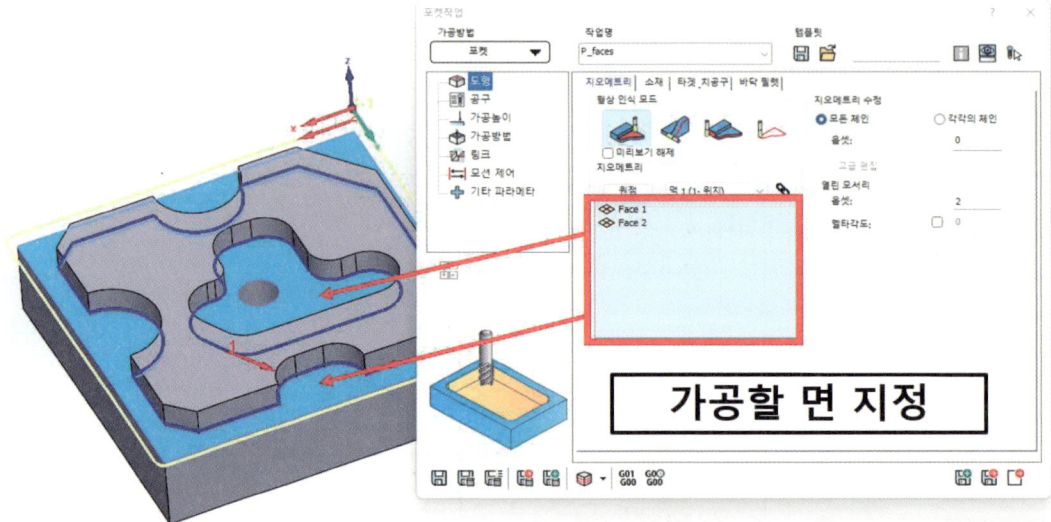

34. 가공할 면을 클릭한다.

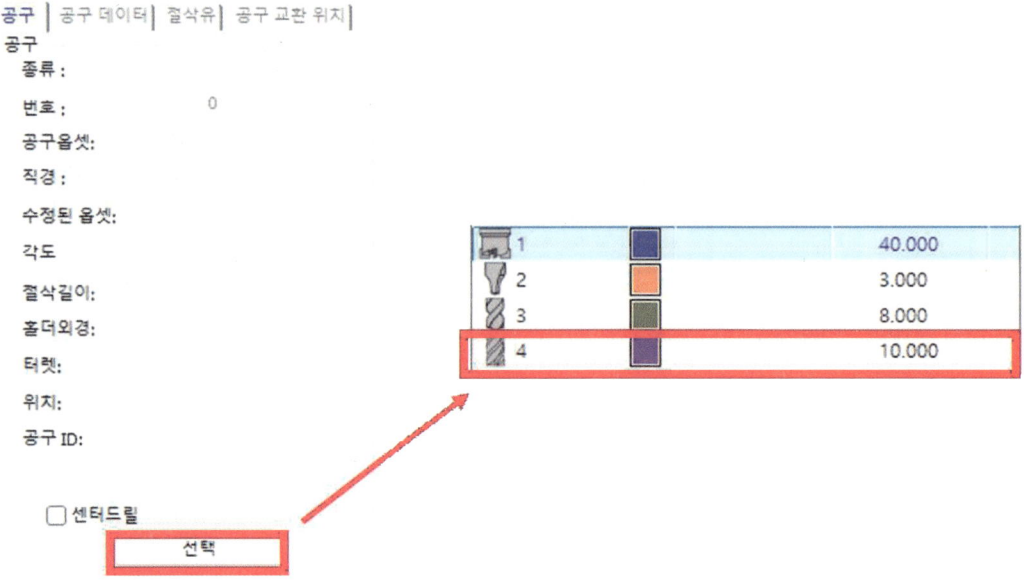

35. 공구를 선택한다.

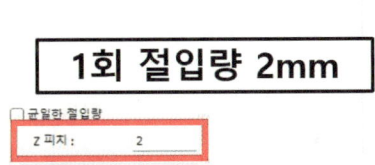

36. Z피치를 조정한다.
    한번에 많은 양을 가공하면 공구에 무리가 갈 수 있으므로 가공 시간에 문제가 되지 않는한 2~3회 나누어 가공한다.

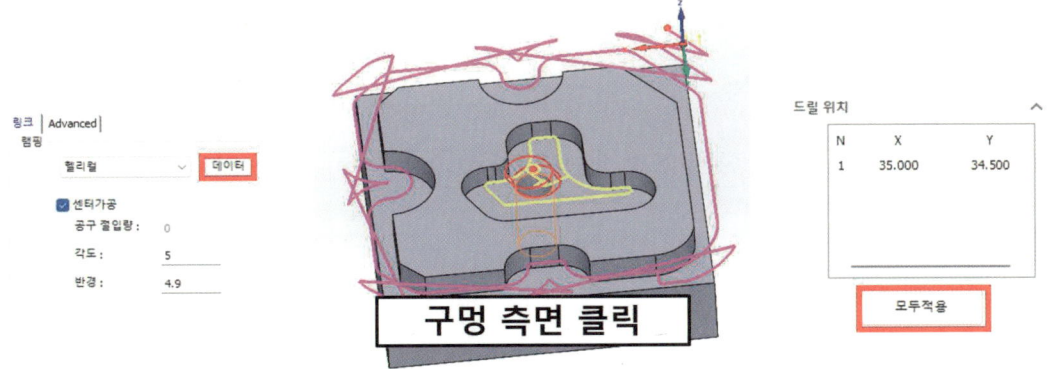

37. 내부 포켓 가공 시 중앙에서 진입할 수 있게 헬리컬 옵션에서 [데이터]를 클릭하여 구멍 측면을 선택한다.

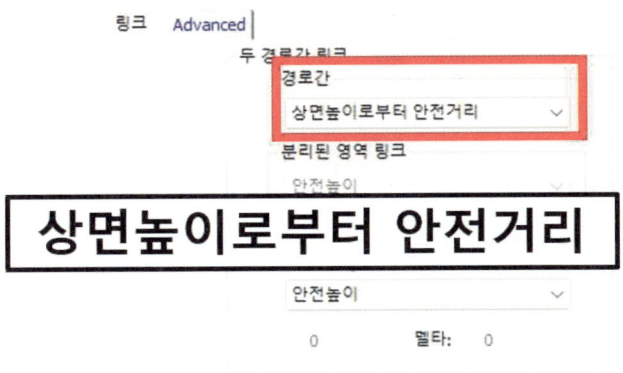

38. 가공 시 공구가 안전높이까지 가는 것을 최소화하기 위해서 상면 높이로부터 안전거리로 설정한다.

39. 저장하여 CAM 작업을 완료한다.

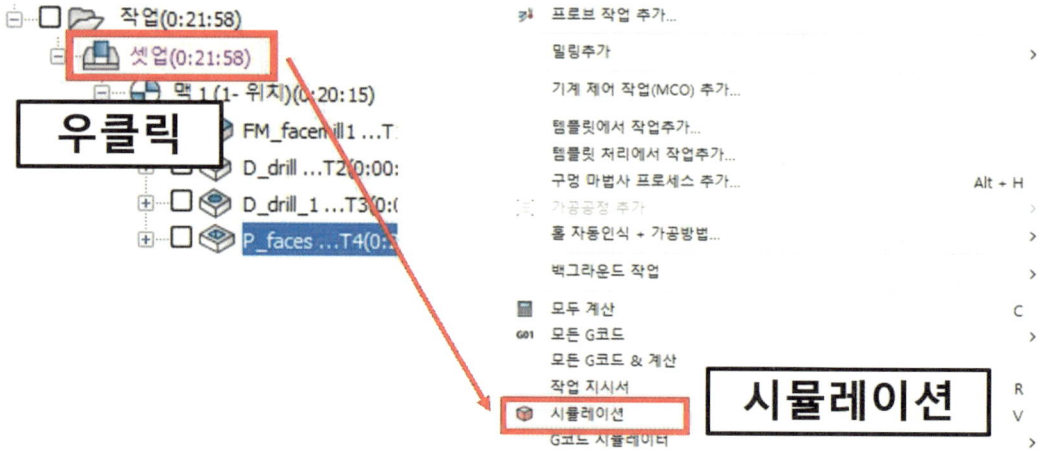

40. 시뮬레이션에서 가공이 정상적으로 되는지 확인한다.

41. G코드 생성을 눌러서 G코드를 확인한다.

42. Save As를 눌러서 NC데이터를 저장한다.

8 | 기출 문제

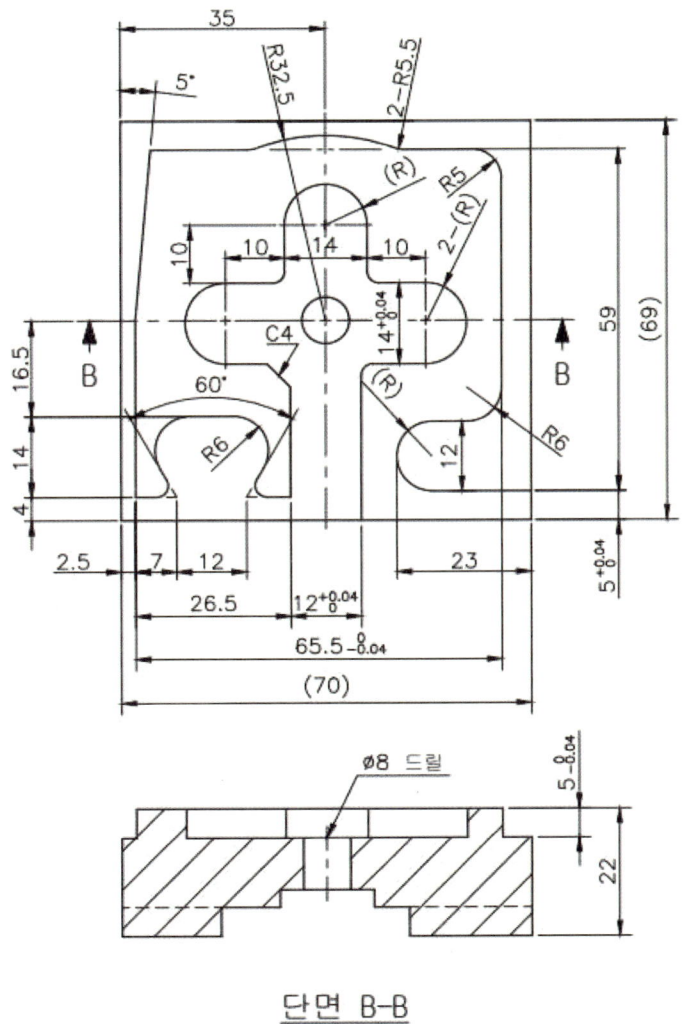

단면 B-B

※도시되고 지시없는 R은 R2

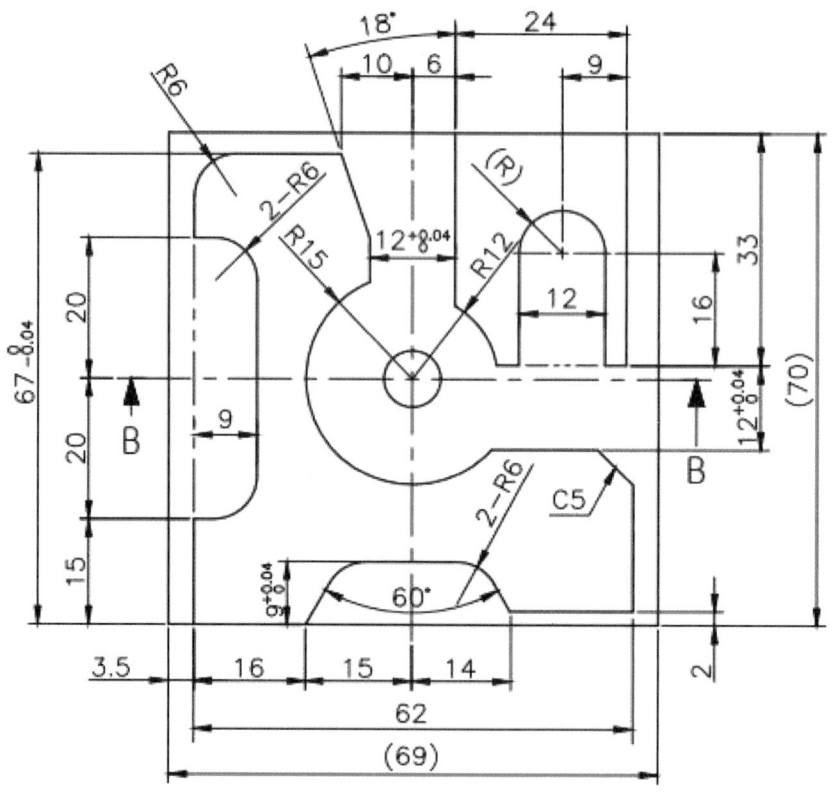

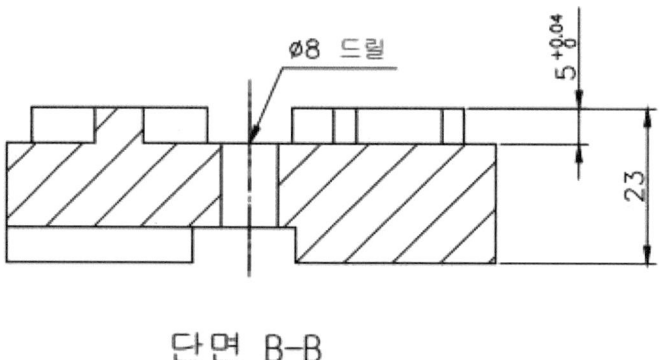

단면 B-B

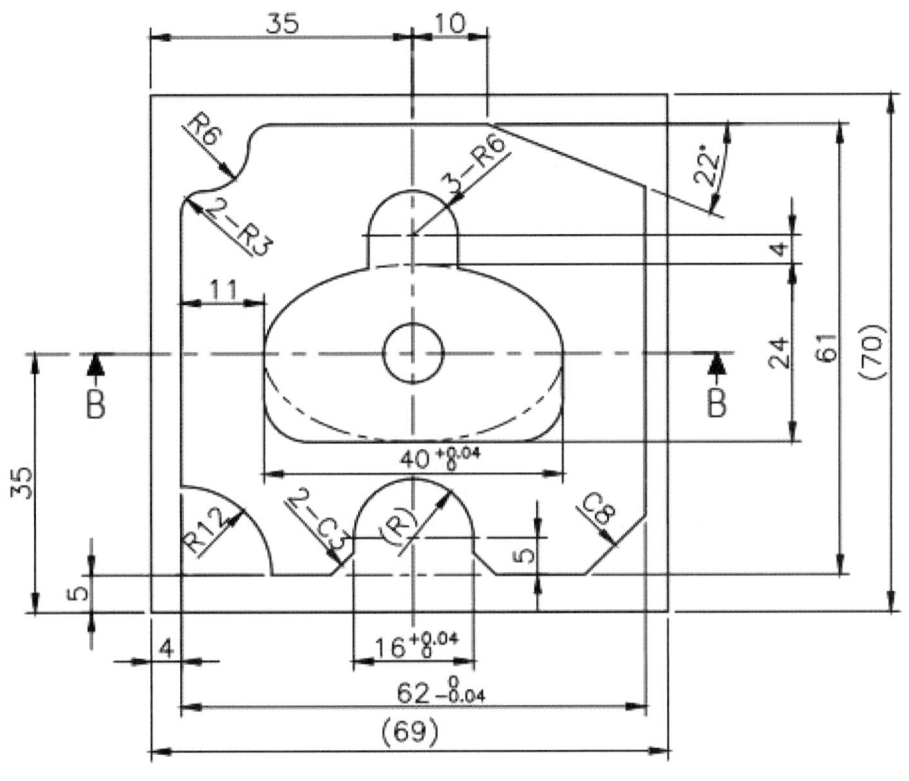

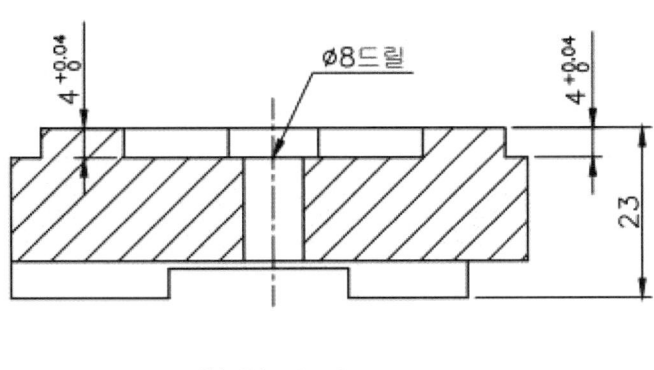

단면 B-B

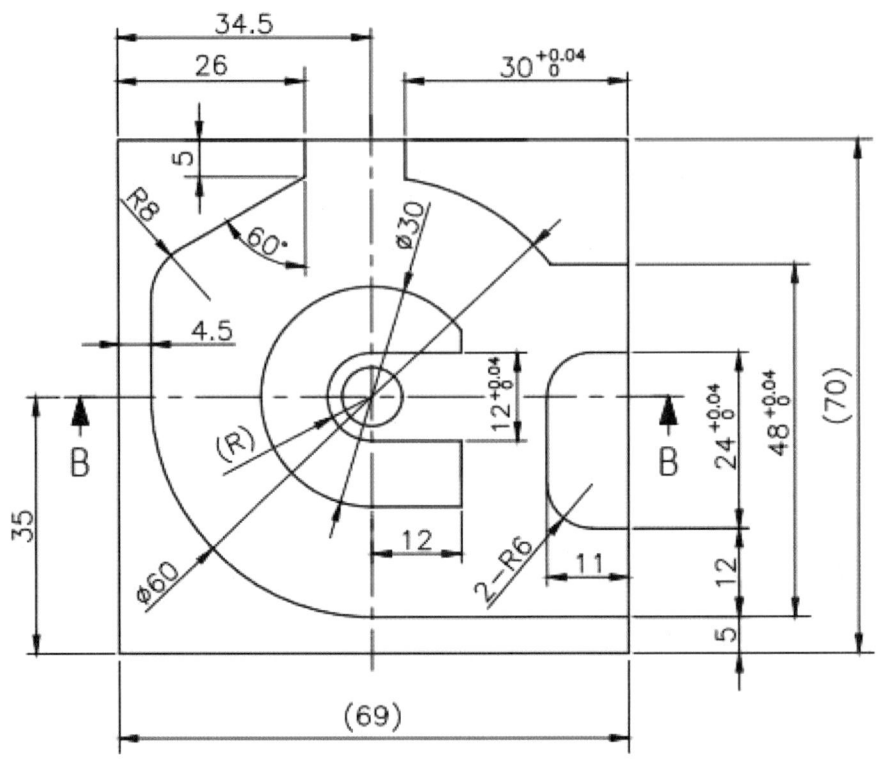

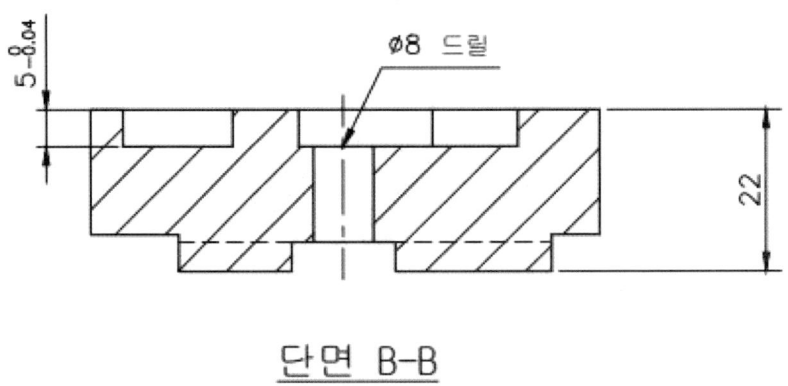

단면 B-B

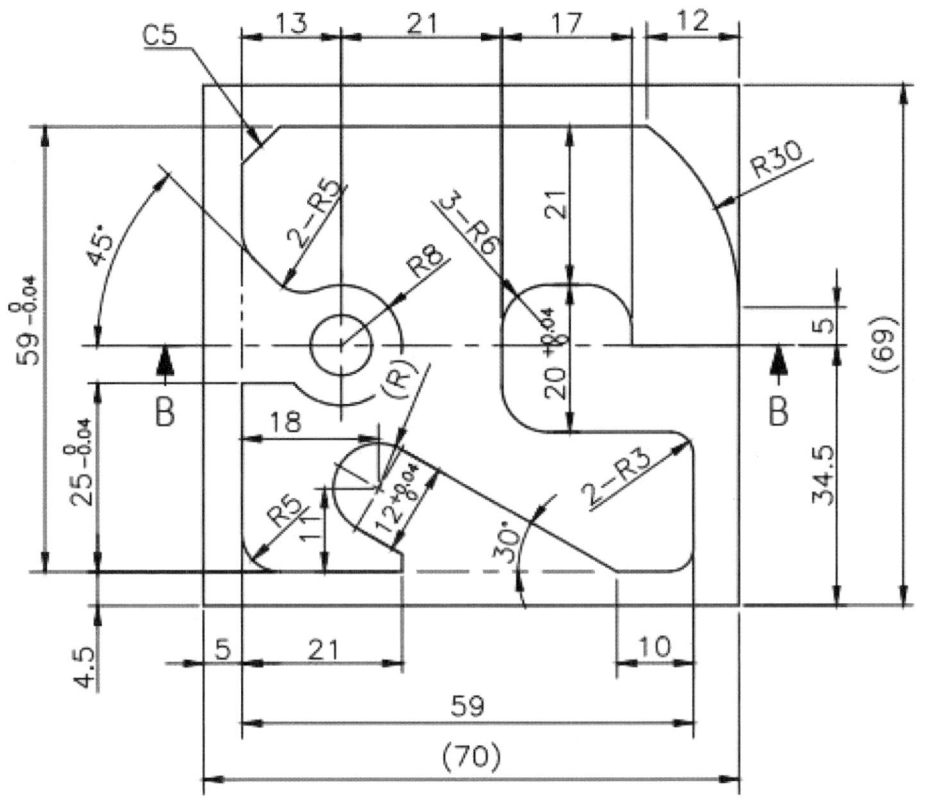

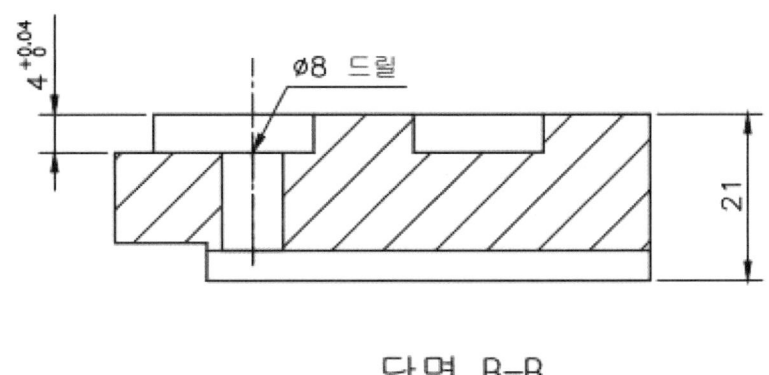

단면 B-B

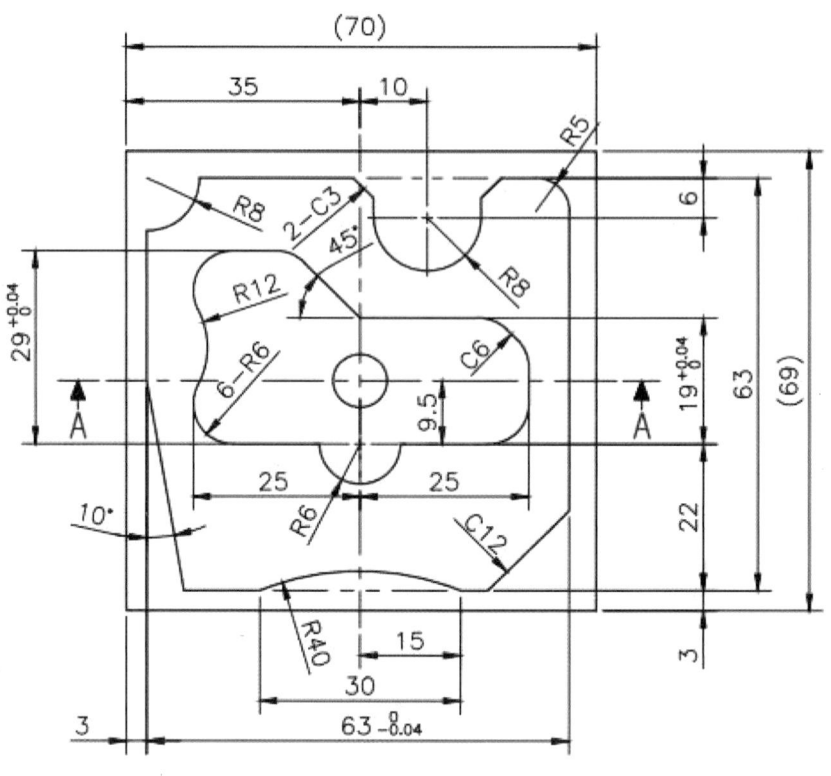

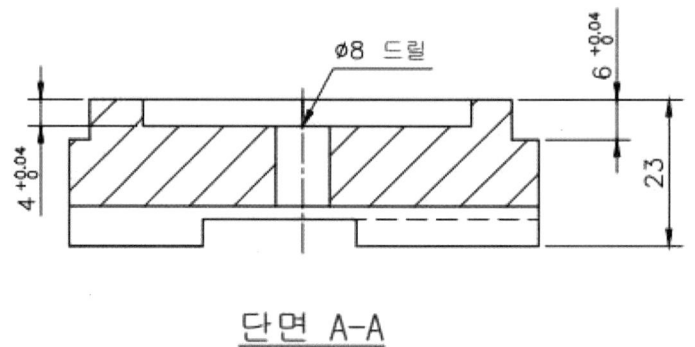

단면 A-A

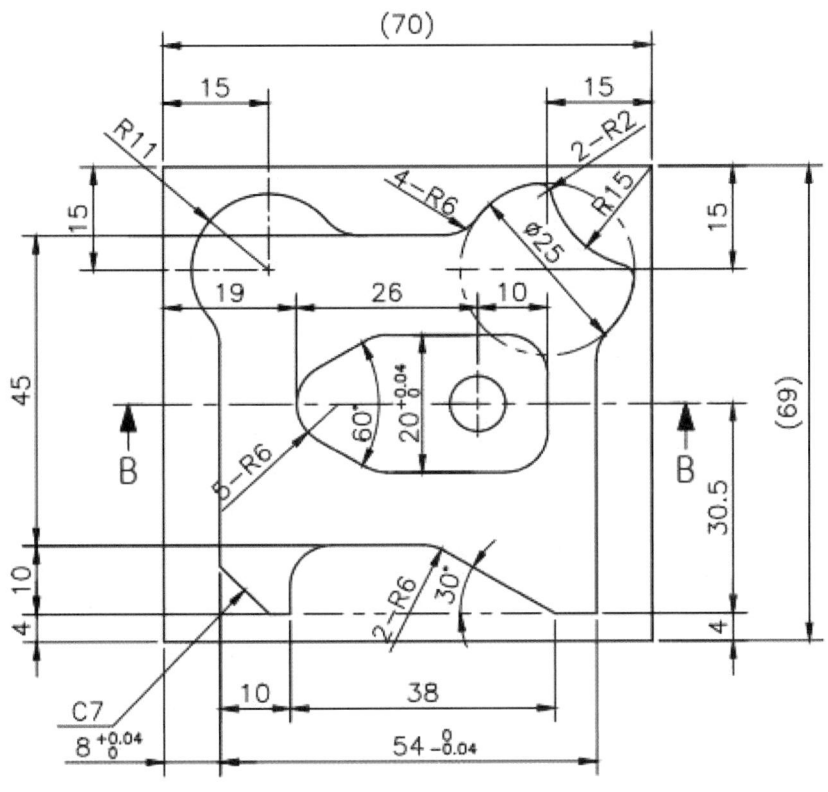

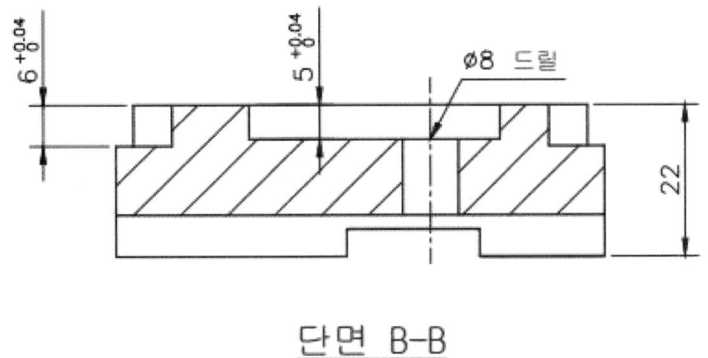

단면 B-B

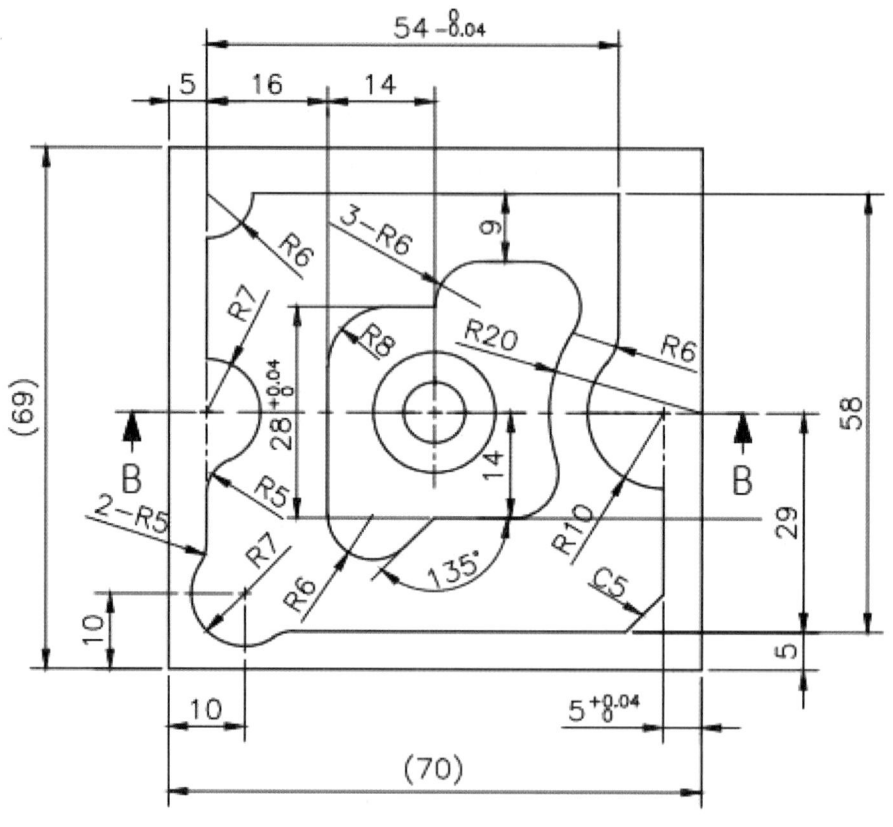

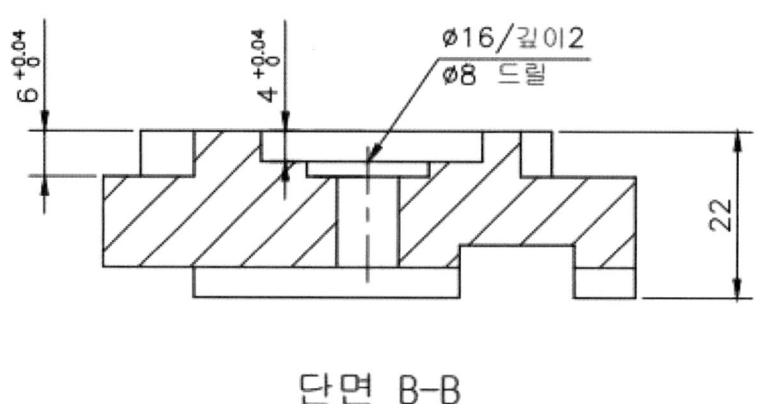

단면 B-B

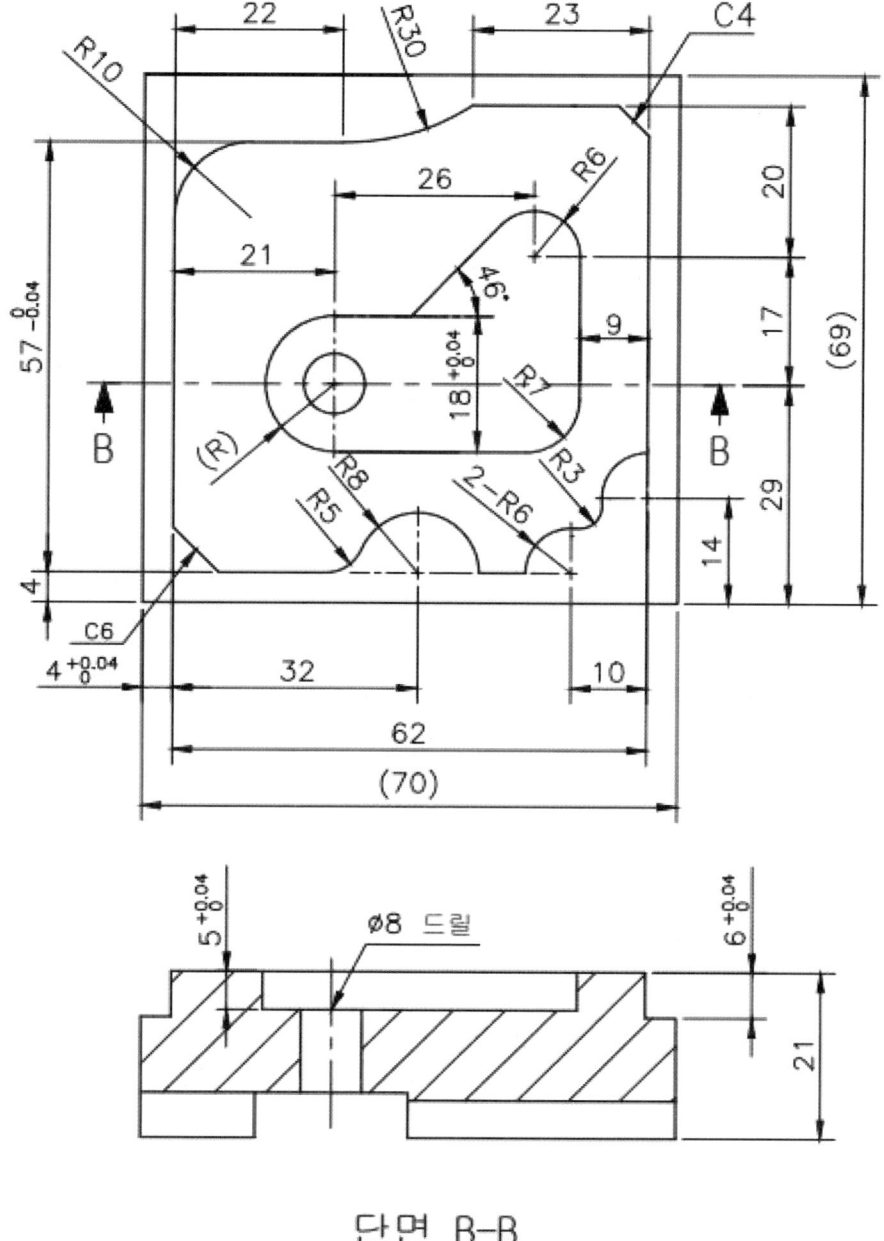

단면 B-B

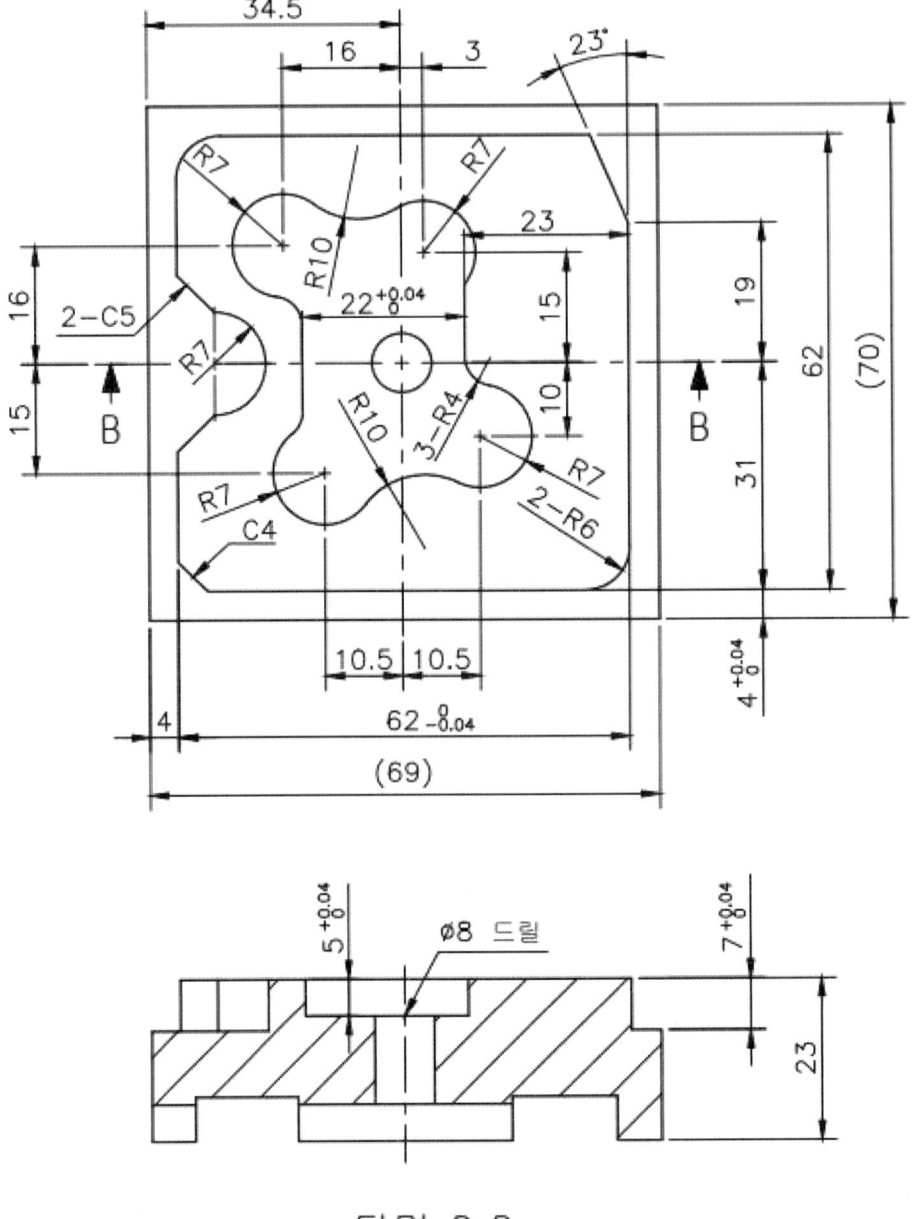

단면 B-B

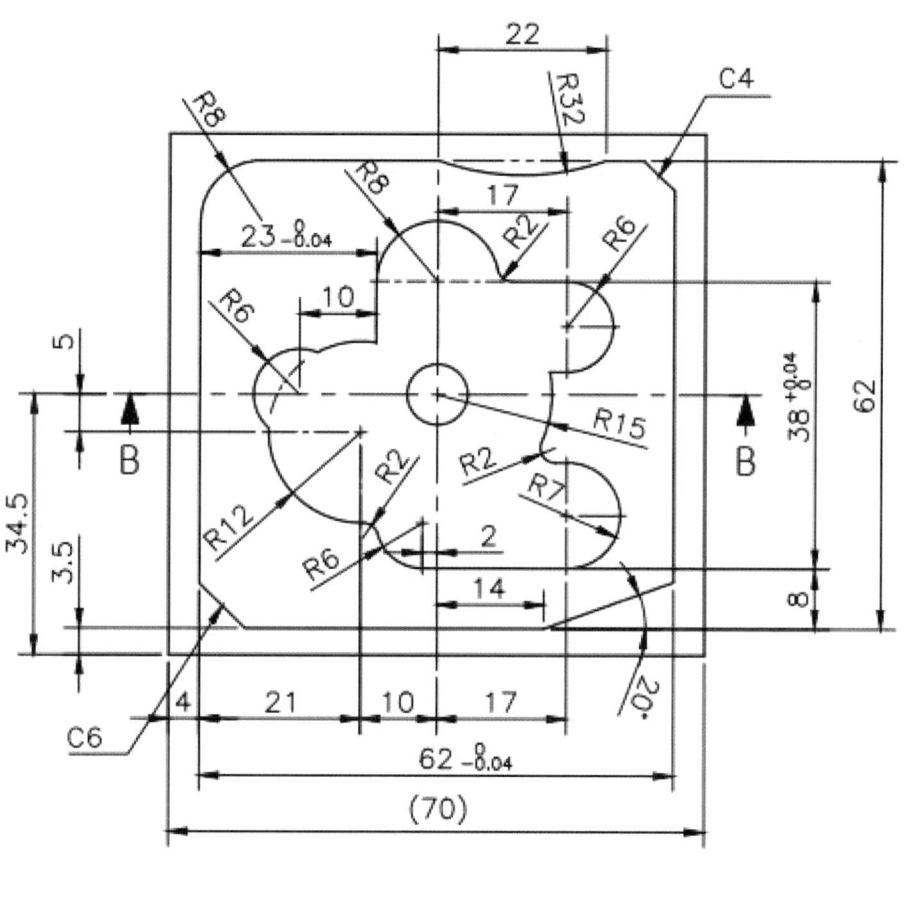

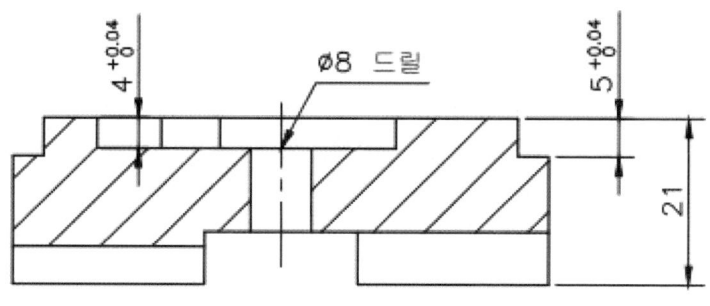

단면 B-B

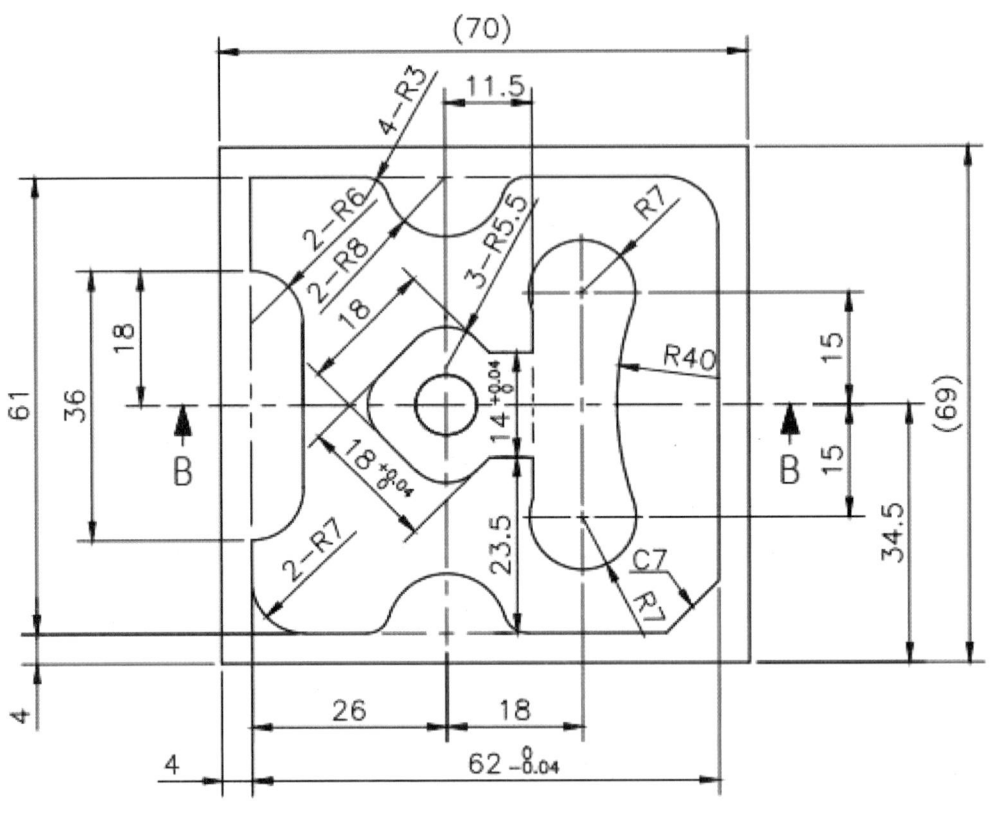

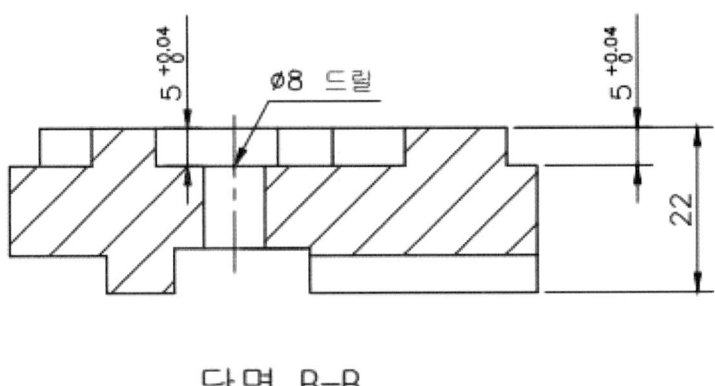

단면 B-B

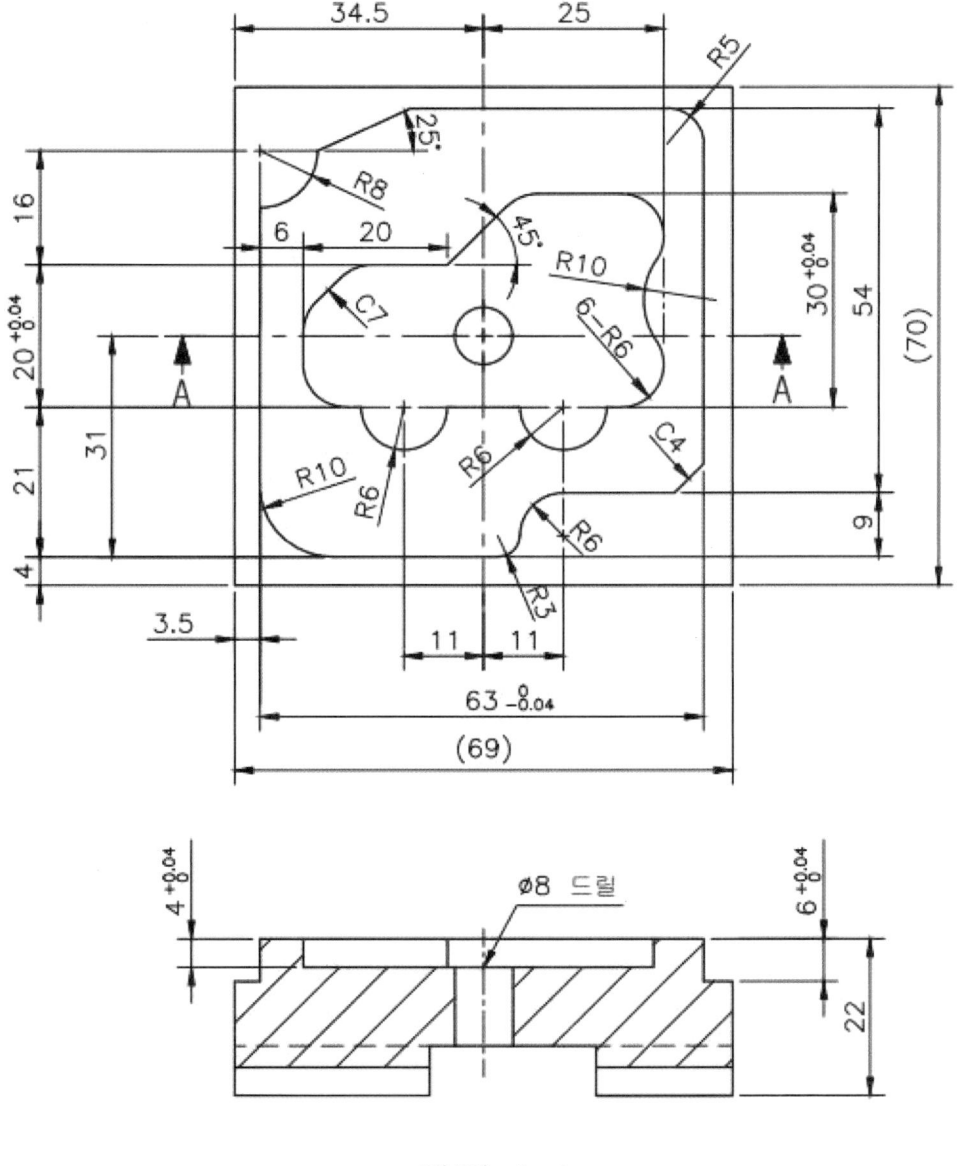

단면 A-A

**SolidCAM 기반
컴퓨터 응용 밀링기능사**

실기 가이드 Ver. 1

초판 1쇄 발행 2025. 4. 8.

지은이 윤여민
검토위원 (주)큐빅시스템즈
펴낸이 김병호
펴낸곳 주식회사 바른북스

등록 2019년 4월 3일 제2019-000040호
주소 서울시 성동구 연무장5길 9-16, 301호 (성수동2가, 블루스톤타워)
대표전화 070-7857-9719 | **경영지원** 02-3409-9719 | **팩스** 070-7610-9820

•바른북스는 여러분의 다양한 아이디어와 원고 투고를 설레는 마음으로 기다리고 있습니다.

이메일 barunbooks21@naver.com | **원고투고** barunbooks21@naver.com
홈페이지 www.barunbooks.com | **공식 블로그** blog.naver.com/barunbooks7
공식 포스트 post.naver.com/barunbooks7 | **페이스북** facebook.com/barunbooks7

ⓒ 윤여민, 2025
ISBN 979-11-7263-301-1 03550

•파본이나 잘못된 책은 구입하신 곳에서 교환해드립니다.
•이 책은 저작권법에 따라 보호를 받는 저작물이므로 무단전재 및 복제를 금지하며,
 이 책 내용의 전부 및 일부를 이용하려면 반드시 저작권자와 도서출판 바른북스의 서면동의를 받아야 합니다.